NEW PARENTS
DON'T GET LOST

小兒生長三道門坎
新手爸媽不迷路！

掌握成長三大關鍵期
孩子贏在健康起跑線

侯江紅 著

父母必讀！

從備孕到成長，全面解答育兒難題
理解孩子需求，打造健康成長環境
促進孩子健全發展，享受無憂的童年

目 錄

前言

孩子成長的第一關：
選擇合適的種子，做好準備工作

備孕期的重要性 …………………………………011

孕期健康不只是飲食 ……………………………015

新生兒常見健康問題 ……………………………020

影響孩子健康的關鍵習慣 ………………………034

坐月子指南 ………………………………………058

保母育兒建議 ……………………………………063

語言發展遲緩？如何幫助孩子順利開口 ………064

語言啟蒙的最佳時機與方法 ……………………065

目錄

孩子成長的第二關：
打理好每一片土地，照顧好每一個細節

營養均衡，奠定成長基礎 …………………………069

培養良好睡眠習慣，助力發育 ……………………089

遊戲如何促進身心與智力發展 ……………………100

促進孩子健康成長的關鍵 …………………………109

孩子成長的第三關：
防患未然，守護孩子的健康

亞健康警訊 ── 如何避免影響孩子未來健康 …117

常見疾病與症狀的家庭護理指南 …………………123

附錄

處方與藥物建議 ……………………………………200

中藥煎煮與使用方法 ………………………………204

後記

前言

在這裡筆者想向大家提個問題，特別是向孩子的爸爸媽媽提個問題，作為父母，我們能給孩子什麼可以讓其受益終生的東西呢？

作為父母，我們能給孩子受益終生的東西主要有兩個：一是給孩子好身體；二是給孩子好習慣。而這兩者之間是密切連繫的，概括來說，就是整體健康──大健康，也就是真正意義上的健康。

若家長過度強調培養孩子的能力，則會忽略孩子的基本健康素養。如果說孩子會背詩加個「0」，會認字再加個「0」，會彈鋼琴再加個「0」，成績優秀再加個「0」，有其他特長再加個「0」，「0」越多家長就越高興，可是您有沒有想過，孩子的健康是眾多「0」前面的「1」，只有當「0」前面有了「1」，後面的「0」才真正有意義。反過來說，如果沒有健康這個「1」，那麼後面所有的「0」也就沒有意義了。

1 ＋ 0 ＋ 0 ＋ 0 ＋ 0 ＋ 0 …… ∞

健康　背詩　認字　彈鋼琴　成績優秀　其他特長　……　整體健康

前言

　　一個孩子真正的健康除了身體健康，還包括心理健康、道德健康、社會健康、智力健康等。

　　身體健康：就是孩子身體沒有疾病，體格比較強壯，身高、體重都在正常範圍，從醫學這個角度來講，還應該包括各臟腑功能正常等。

　　心理健康：就是孩子性格陽光、開朗、討人喜歡，沒有明顯的心理缺陷和性格異常。有良好的心理狀態。

　　道德健康：主要表現為孩子有公德心、有愛心、品行好、尊老愛幼，有正確的是非觀。

　　社會健康：表現在孩子有良好的社會適應能力、人際交往能力、生活能力等。

　　智力健康：指孩子的智力發育正常，有正常的思維方式與學習能力，能和同齡孩子保持協調一致，沒有明顯的偏差。

　　既然孩子的整體健康如此重要，那就又引出了另一個問題，如何讓孩子成長為一個真正意義上的健康孩子呢？筆者的觀點是這六個字：吃好、睡好、玩好！然而筆者所說的吃好、睡好、玩好，與家長們所說的可能會有許多不同，這就是本書中要和家長們聊的重要內容。想要讓孩子長得好，家長們首先要思考有哪些因素影響孩子成長，筆者將這些因素總結歸納為三大方面──孩子成長三個關卡！好好跨過這

「三個關卡」是孩子長得好的關鍵。如果您的孩子還未成年，那他（她）一定還處在這三個關卡中，即使他（她）長大了、成年了、成家了，這三個關卡仍然對其今後家庭孩子的健康指引有著重要意義。

除此之外，筆者還想向家長提兩則建議：一是希望家長們每天減少看手機的時間，安靜地讀些書，幫自己「充電」；二是希望家長們能將自己的閱讀和體會分享給其他朋友，並教授孩子一些相關知識和方法，讓更多的人受益。若是家長能從書中學到一點知識，或者改變一個錯誤，這就很有意義了。下面列舉了一些我們身邊常見的現象：

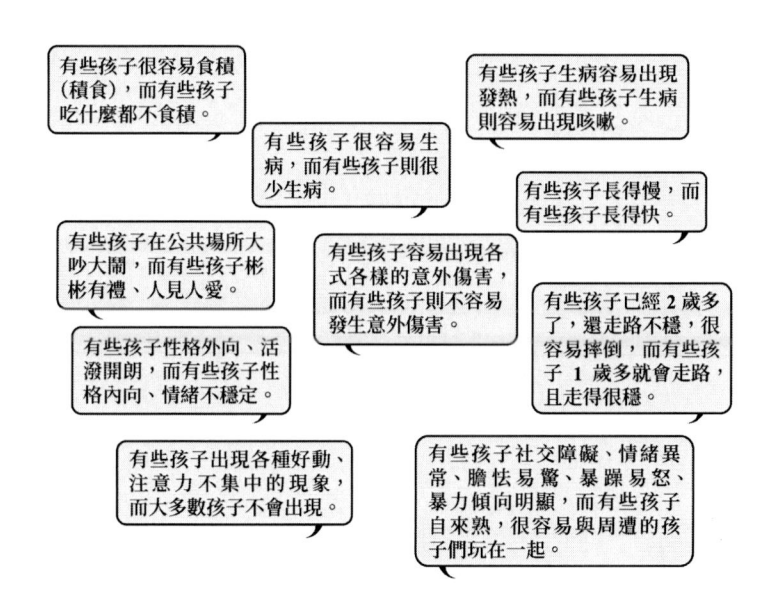

- 有些孩子很容易食積（積食），而有些孩子吃什麼都不食積。
- 有些孩子生病容易出現發熱，而有些孩子生病則容易出現咳嗽。
- 有些孩子很容易生病，而有些孩子則很少生病。
- 有些孩子長得慢，而有些孩子長得快。
- 有些孩子在公共場所大吵大鬧，而有些孩子彬彬有禮、人見人愛。
- 有些孩子容易出現各式各樣的意外傷害，而有些孩子則不容易發生意外傷害。
- 有些孩子性格外向、活潑開朗，而有些孩子性格內向、情緒不穩定。
- 有些孩子已經2歲多了，還走路不穩，很容易摔倒，而有些孩子1歲多就會走路，且走得很穩。
- 有些孩子出現各種好動，注意力不集中的現象，而大多數孩子不會出現。
- 有些孩子社交障礙、情緒異常、膽怯易驚、暴躁易怒、暴力傾向明顯，而有些孩子自來熟，很容易與周遭的孩子們玩在一起。

前言

　　以上這些問題經常發生在我們身邊的孩子之中，這些問題與孩子成長過程的三個關卡有關，若處理不當，可能會影響孩子的健康成長。人和自然界的萬物一樣，遵循著自身的成長規律，所以順應自然才是孩子長得好的智慧。中醫認為：人的成長遵循著生、長、化、收、藏的規律，就像種樹、種莊稼一樣，我們可以把孩子的成長過程與植物的生長過程相互呼應，孩子長得好是需要經歷這三個關卡的。

侯江紅

孩子成長的第一關：
選擇合適的種子，做好準備工作

孩子成長的第一關：選擇合適的種子，做好準備工作

孩子成長的第一個關卡：是指準父母從備孕期、孕期、坐月子、孩子出生至一歲的整個過程。就像栽種莊稼首先要選好種子，然後選擇合適的季節、適宜的溫度、良好的土壤才能播種。對應到人，人的出生也是這樣，因為這一段時間，準父母的健康狀態影響著孩子未來的健康。總之，第一個關卡包括了現代醫學中的備孕期、孕期、周產期、新生兒期以及嬰兒期。

備孕期的重要性

1.「選好種」

這涉及遺傳及家族病史的問題，夫妻在備孕的時候就應充分了解父母雙方家族的一些病史，有哪些遺傳性疾病，有哪些隱性遺傳基因缺陷的情況，並及早進行檢測，因為有些隱性的遺傳疾病很容易被忽視，應在醫生的幫助下盡量減少遺傳相關疾病發生的機率。比如夫妻雙方都有肥胖基因，那麼將來生出的孩子發生肥胖的機率就很高。提醒備孕夫妻做到早留意、早發現、早阻斷、早治療。

2. 飲食均衡

盡可能食用天然食物，食物類型也要盡可能均衡，慎用補品。飲食營養既不能不及又不能太過，也就是不挑食，什麼都吃一些，喜歡吃的食物不能吃太多。

要保持良好的腸胃狀態，水果也不能吃得太多。有些孕婦特別喜歡吃水果，然而食用過多的水果會傷及腸胃，反而影響到孕婦和將來孩子的健康。尤其要注意經常空腹吃水果更容易損傷腸胃！

3. 睡眠規律

一是睡眠的規律，二是睡眠的時間，三是睡眠的品質。睡眠能發揮儲備能量、維持免疫平衡的作用，如果經常熬夜、長期夜班就會影響受孕。女方要特別注意作息規律，這對孕育過程中的胎兒有著極大影響。當然，睡眠品質同樣重要，有時候睡眠時間雖然足夠，但是品質不佳，比如說經常做夢、睡得比較輕淺、容易醒、醒後難以再入睡等，都是睡眠品質不佳的表現。

4. 良好心情

情緒也影響著健康，兩情相悅，男女交媾，才易受孕，也包括靜心養神，不急不躁，情緒穩定。就像我們種莊稼，在適合的季節、好天氣、好土壤的情況下，莊稼才容易生根、發芽。這就是為什麼新婚夫婦在工作壓力大、情緒不穩定的情況下不易懷孕的原因。

5. 環境影響

是指孕婦的生活環境，也包括工作環境。這裡主要強調空氣、陽光、氧氣濃度、噪音、輻射以及天氣的影響。這些不良影響很容易被忽視，因為這些都和我們的生活息息相關。生活、工作環境的光線不能過強，但是又不能過於昏

暗，陽光合適的時候要經常晒晒太陽，同時也要防止周遭輻射的影響，比如一些高功率的電器或者裝修材料的微量輻射。曾經有一位剛結婚的女子，是一名財務人員，她的辦公室樓下正好是放射科，由於建材的輻射防範未達標準，使她長期受樓下射線的影響，不但造成不孕，而且導致了再生不良性貧血。相對惡劣的生活與工作環境，如過度炎熱、乾燥、寒冷的環境，都會對孕育胎兒產生不利的影響，尤其是容易被我們忽視的噪音，若孕婦長期處在高分貝噪音環境中，胎兒的發育將具有潛在的危險。在傳染病方面，也要多加留意。如在流感好發季節，即便孕婦本身沒有發病，但是長期處於這種充滿病毒的環境裡，對胎兒也是會有影響的。

6. 藥物影響

對孕婦生活的管理不僅僅是關注吸菸和飲酒的問題，許多藥物也可能對胎兒的發育產生影響，特別是眾多化學藥物，這已是全體共識。所以，孕婦這個時期要做到的是少生病、少吃藥。但是，如果孕婦已經生病了，而且症狀挺嚴重，因為怕藥物對胎兒有影響而不治療也是不對的。疾病本身同樣會影響胎兒的發育，治療的時候建議使用天然藥物，比如孕婦患風寒感冒或受風寒的時候，可以煮一些蔥薑湯飲用，發汗祛邪。為了孩子的健康，特別提醒孕婦，平時做好防護，一旦生病還是要看醫生，也可採用食療方等。

7. 運動影響

孕婦要適當運動，不能過於安逸，當然也不能過於勞累。現實中有不少孕婦在懷孕以後，特別是有過流產、早產病史的孕婦，一旦懷孕就會有焦慮不安的情況，這不僅對胎兒的孕育成長有影響，而且對孕婦的健康狀態同樣不好。適當運動有助於氣血通暢、筋骨強健、關節舒展。特別是戶外運動，看看大自然的風景，呼吸大自然的清新空氣，可以調整情緒、愉悅心情，心情好了身體免疫功能就好，對提升孕婦的活力非常有幫助。另外，還要配合四時季節的變化，《黃帝內經》認為「必順四時而適寒暑」，就是指當熱則熱，當寒則寒，當汗則汗，不及或超過都不好。若孕婦夏天長期處於冷氣房，或者冬天長期處於暖氣的環境中，都對孕婦和胎兒的健康非常不利。我們種莊稼也是這樣啊，該有風就得有風，該有雨一定要有雨，莊稼需要經歷適度的風雨才能生長良好。如果在生長的季節，氣溫過高或過低，風過大或過小，雨水過多或過少，都非常不利於莊稼生長，必須要有適宜的外在環境，莊稼才能生長良好。胎兒發育和種莊稼的道理是一樣的，都深受外界環境變化的影響。

孕期健康不只是飲食

1. 懷孕初期調養護理

懷孕初期是指從妊娠開始到妊娠 12 週結束的這段時間。這個時期胎兒最容易受多種物理、化學因素的影響，也是最容易流產的時期。懷孕初期有三個影響孩子健康的因素要注意：第一個是病毒感染、藥物或者周遭輻射的影響。比如說，孕期過度進行 X 光檢查或接觸過多微波、輻射等，都會對胎兒產生不良影響。第二個是睡眠和情緒的影響，保持良好的睡眠和心情非常重要。第三個是飲食要保持均衡。懷孕初期需要的營養有限，就像我們種莊稼一樣，早期的幼苗不宜施太多肥，備孕期間打好的「基肥」就足夠了。所謂「基肥」是指在備孕期間，女方應保持良好的身體狀態，過剩的營養反而會保留在母體內，常常導致母體過度肥胖，而出生的孩子往往體重偏低，也就是說營養都被母親吸收了，這種孕婦在民間常被稱為「皮厚餡少」。而孕期母體自身體重隨懷孕月分適度增加，生出的孩子往往體重比較理想，民間將這種孕肚稱為「皮薄餡足」。所以懷孕初期不要大吃大喝，要飲食有節。尤其是零食不斷、整天吃個不停、無法節制，這會使孕

婦腸胃功能紊亂，脾胃運化失常，過度的營養物質被母體吸收，從而導致孕婦肥胖症，反而影響了胎兒的發育，日後也有可能影響到母乳的正常分泌。

懷孕初期是胎兒形成的關鍵時期，這個時候若是生病，用藥要非常慎重，尤其是患有感冒、流感、德國麻疹、帶狀皰疹等，這些疾病大多是由病毒引起的，病毒感染最容易傷害胎兒，可能會造成胎兒發育畸形，甚至流產。治療應該以自然療法或中藥治療為主。同時也要避免有放射性的檢查項目，避免非必要的產檢。這個時期最好經常做適當的戶外運動、多接觸大自然、多做日光浴（日光療法）等。孕期並不是要完全避免性生活，但應適度且不要過度激烈，以免損傷胎氣。要特別提醒的是，有流產或早產病史的孕婦不宜過度運動。此外，孕婦保持良好的情緒是胎兒健康發育的基礎。

2. 懷孕中期調養護理

懷孕中期是指妊娠 13 週起到 27 週結束的這段時間，這個時期胎兒相對穩定一些，就像瓜果一樣，胎兒已成形，進入了體積漸增的快速成長期。此期藥物、輻射等因素對胎兒的影響相對小一點，但也不是完全沒有。這個時期，是孕婦體重快速增加期，因此孕婦的營養需求也比懷孕初期要多，增加營養就更加重要了，所以此時期吃好是最重要的。具體來說該吃什麼，仍然強調均衡飲食，可適當增加動物性蛋白

質的攝取量。簡單來說就是，此時期要多吃點魚、蝦、肉、蛋、奶，每天適量地增加，隨時切記營養均衡，不要過度。這個時期仍不可忽視適度運動的重要性，不可太過安逸，並保持心情愉悅。但是，有早產病史的孕婦這個時候應特別注意不要過度運動，運動的強度以運動後不覺得疲勞為宜，這樣既有利於胎兒的發育，又有利於孕婦的氣血暢通，有助於以後順利分娩。

3. 懷孕晚期調養護理

懷孕晚期是指妊娠 28 週到 40 週的這段時間。這個時期胎兒已經發育得更接近成熟，也是體重增加最多的時期，早產是這個時期的關注點。雖然這個時期出生的孩子存活率相對比較高，但是孩子早產後的身體功能可能會受到影響。臨床發現，早產兒日後很多健康問題都與早產相關，早產兒的死亡率也會更高一些。總之，要瓜熟蒂落，避免早產，必須完成十月懷胎。當然，瓜熟了蒂不落也不行，即常說的過期妊娠，這時要及時請婦產科醫生處理。

關於順產和剖腹產問題，除了一些特殊情況外，筆者更主張採取自然分娩，自然分娩對孕婦和孩子益處更多。有些特殊情況，比如說產婦先天性子宮頸狹窄，或者有其他一些不適合順產的情況，就要及時安排剖腹產。需採取剖腹產的徵兆有：骨盆絕對狹窄、胎兒過大、胎頭與骨盆明顯不對

稱、肩部先露或臀部先露，尤其是足部先露。子宮收縮力異常、發生病理性宮縮或先兆子宮破裂時，都應該在抑制宮縮的同時進行剖腹產術。生產過程中一旦發現嚴重的胎位異常如胎頭呈高位後位、前不均傾位、額頭先露及頦後位，應停止陰道分娩，立即行剖腹產結束分娩。

關於會陰切開術，也不宜太過！不能為了生產順利，而造成切口過長。如果傷口感染，就會癒合緩慢，特別是有疤痕體質的女性更應小心。關於第二次剖腹產，若是第一胎剖腹產，因子宮有疤痕，平時的周產期照護、接生需要更加注意。

> **舉例**
> 某女士第一胎是剖腹產，第二胎在懷孕後期沒有太在意，更沒有密切觀察，加上孕婦精神緊張，在生產時施力不當，結果造成了子宮破裂。由於沒有及早發現，失去了搶救的最佳時機，最終導致母子雙亡。所以說，第一胎採用剖腹產又想要第二胎者，產前更要注意，最好在醫療環境下密切觀察，以便一旦有異常情況能及時處置。

關於順產，順產是筆者比較鼓勵的分娩方式。就算是順產，也不能粗心大意，應該事先多了解和學習順產相關知識，在做周產期照護的時候多詢問醫生有關生產的知識，學習並練習分娩的施力技巧，特別是心理上要做好充分的準備，不能緊張。一些初產婦分娩前聽到別人說生產時多麼疼痛，或看到電視劇中孕婦生產時誇張的表情等，從而產生恐

懼心理,生產的時候比較緊張,再加上在分娩時施力不當或者施力時機掌握得不好,會造成生產困難。因此,懷孕後期要充分得到周產期照護醫生的技術指導。

新生兒常見健康問題

1. 母乳餵養

（1）母乳餵養的時間：剛出生的孩子應儘早喝母乳、早吸吮。特別是初產婦，乳頭比較緊，孩子吮吸費力，因為吸不出奶水，孩子餓了就哭，家長也跟著著急，一旦著急便乾脆讓孩子喝牛奶（奶粉），孩子喝牛奶時特別省力，很快就吃飽了，越是如此孩子越不願意喝母乳。所以，初產婦乳頭緊時可以用吸奶器吸一吸，吸過之後就會比較暢通，也可以在哺乳前用熱毛巾敷乳房，讓乳房局部充血，這樣有利於乳汁的分泌。有些新生兒（從母體娩出並自臍帶結紮起至出生後滿 28 天）出生後，可能因為健康問題需要在嬰兒室觀察幾天。孩子在住院的時候總是由護理人員餵牛奶，奶嘴的孔徑大，孩子吸吮起來相對省力，而且很容易吃飽，這樣孩子出院後回到家裡可能會對母乳產生抗拒。再加上初期母乳不是很多，如此一來，孩子越不吸吮，母乳越少，一部分產婦還沒出月子母乳就沒了。這其實是最初沒有儘早讓孩子充分吸吮母乳所造成的，所以要特別注意。

(2)以母乳餵養孩子，判斷是否吃飽的方法：母乳餵養的孩子，由於年輕媽媽沒有太多的經驗，不知道孩子到底夠不夠喝，也不知道孩子是不是吃飽了。

要判斷孩子有沒有吃飽，可以看孩子是不是經常哭鬧，如果排除疾病、疼痛、不舒服等原因，還是時常哭鬧，這就顯示孩子可能是餓了。因為新生兒除了吃，大部分時間都在睡覺，如果孩子經常哭鬧，喝完奶沒多久就鬧，那一定是沒有吃飽，或許是母乳的量不太夠，或許是母乳的營養成分很少，孩子餓得很快。要判斷母乳品質好不好，很簡單，第一，可以泡些奶粉讓孩子喝，吃飽了很長一段時間都不哭，那就是表示母乳不夠或品質不佳；第二，透過孩子的尿量去判斷，孩子所需要的水分主要是靠母乳獲取，孩子的尿量正常說明母乳量還算可以；第三，觀察孩子的成長速度，如果孩子剛開始迅速成長，而現在則成長緩慢，可能代表母乳不夠或者母乳品質不佳。如果體重均衡，那就表示母乳量是足夠的，是沒問題的。

2. 全身發黃

孩子出生後可能會出現一些輕微的黃疸，主要表現是孩子的皮膚比較黃，有時候眼睛也黃、小便也黃，我們通常稱為新生兒黃疸。新生兒黃疸有兩種情況：一種是生理性的，

一種是病理性的。我們在這裡談談生理性的，通常出生 2～4 天孩子會開始出現黃疸，大概持續半個月，之後黃疸就會慢慢地自然消退。有些孩子黃疸出現得早一點或者持續的時間稍長一些，大多都屬正常。通常黃疸只要不是特別嚴重，我們提倡不要過度介入治療。讓孩子多喝點水，多排尿，讓孩子適度地晒太陽，保持孩子腸胃的良好運作狀態，孩子的黃疸就會自然消退，不需要過度使用退黃藥物。要特別提醒的是，家長看到孩子黃疸沒有完全消退，怕影響打預防針，就容易著急，常犯的錯是讓孩子大量或長時間服用退黃藥物，比如一些中成藥，這類退黃的中成藥大多性味苦寒，雖然有清熱解毒利溼的功效，但用多了可能會影響孩子的腸胃功能，造成孩子腹瀉。腹瀉越嚴重的孩子，黃疸反而退得越慢，長時間腹瀉還會影響孩子的免疫功能，造成經常感冒、容易生病的情況，所以要特別注意。其他一些治療黃疸的理療方法也應謹慎使用！

3. 經常鼻塞

新生兒、嬰兒（出生滿 28 天至 1 週歲），有兩種病不太容易得，得了以後又特別不容易好。一種是感冒，一種是腹瀉。嬰兒一旦發生了感冒，就特別不容易好，它的主要表現是鼻塞（鼻子不通），特別是在喝奶的時候，因鼻腔通氣不暢，時常用嘴呼吸，一喝奶又堵住嘴了，孩子就特別容易哭

鬧。這就是為什麼會出現孩子餓了就哭，一吃就不哭，吃不了幾口又哭了這一現象。對新生兒的這種感冒，一般情況下不要過度以藥物治療，用多了反而會產生許多不良反應。遇到這種情況，通常可以這樣處理：第一多保暖；第二多晒太陽；第三讓孩子經常泡熱水澡；第四將大人的拇指和食指前端搓熱或烤熱，在孩子的鼻翼兩側反覆摩擦按摩一陣子，每天可重複多次。

有關感冒能否泡熱水澡的問題，許多家長認為孩子感冒，原本就是因為著涼，而不敢讓孩子洗澡，這其實是錯的！正好相反，感冒了以後經常讓孩子泡熱水澡，反而能增加全身的血液循環，鼻子也會因為吸入水蒸氣而暢通。此外，增加全身的血液循環，鼻腔的血流也會加快，鼻腔充血水腫的情況就會減輕，鼻子反而暢通了。我們大人也是這樣啊，如果覺得感冒了，鼻子不通，泡個熱水澡後馬上就感覺舒服很多。但是泡澡的時候要注意幾個重點：一是讓孩子泡澡的時候，水溫稍微高一點；二是泡的時間稍長一些；三是泡澡的周圍環境溫度要適度提高一點。如果鼻子不通的情況特別嚴重，我們可以用一些中藥幫孩子滴滴鼻子，比如可以用「複方百部煎」（見本書附錄），煮一煮，用個小滴管吸到裡面，然後每個鼻孔每次滴 2 滴，滴完了馬上捏一下鼻翼的兩側，讓藥水充分沾到鼻腔內壁上，每天滴 3～4 次，再加上上面說的處理方法，大多數感冒都能治癒。嬰兒的這種感

冒,通常是由三種情況所引發:第一種情況就是大家很熟悉的著涼了、受風了;第二種更常見,往往是我們大人傳染給孩子的,因為大人有些感冒,症狀不明顯,但它仍具有傳染孩子的可能性;第三種情況就是有兩個孩子的家庭,大孩子喜歡和嬰兒玩,總是抱著嬰兒親,這樣也很容易把感冒病毒傳染給嬰兒。所以,嬰兒的房間既要保持通風,又要保持一定的溫度。白天經常讓孩子晒太陽,對預防感冒也是很有效的一種方法。

4. 長久腹瀉

新生兒、嬰兒容易患的第二種病就是腹瀉,一旦腹瀉就特別難痊癒。主要症狀是:大便比較稀,或有泡沫、有奶瓣、有黏液,顏色發綠或黃綠色、大便呈蛋花狀,有些孩子放屁或尿尿都會跑出來一點,尿布上經常出現大便。這種孩子往往既不影響吃,也不影響喝,但腹瀉會持續很長一段時間不容易好,有些家長對此不重視,甚至有些醫生把它診斷成母乳性腹瀉或者過敏性腹瀉,類似的診斷相當多。其實,這種腹瀉最初是因為肚子著涼,很常會診斷為生理性腹瀉、母乳性腹瀉或者是食物不耐症腹瀉等,醫生千萬不能輕率地下這些診斷結論。草率診斷的結果就是有些正在喝母乳的孩子不能繼續喝,改餵牛奶了,或者是喝牛奶的孩子改餵水解奶粉了,這樣實際上對孩子的腸胃功能是很大的挑戰,容易

導致整體營養失衡。這種因為肚子著涼引起的腹瀉，雖然不容易好，但也沒有必要過度診療。現在有很多家長看到孩子腹瀉這麼長時間都沒有好，就十分著急，今天看這個醫生，明天看那個醫生，看了好久也沒痊癒，藥物倒是亂用了不少，特別是過度使用抗生素，結果造成孩子腸道菌群紊亂，反到使腹瀉更難痊癒了。腹瀉反反覆覆、長時間未痊癒會影響孩子的免疫功能，日後容易生病，而且腹瀉久了也會影響孩子體重的增加。

在這裡要特別提醒家長們：這種情況不要過度採用介入性治療，盡量不要用抗生素。我們可以讓孩子吃點益生菌一類的調節腸道菌群藥物，這些藥物相對安全，沒有太多副作用。再幫孩子熱敷一下肚子，比如用粗鹽，就是顆粒比較大的食用鹽，以微波爐或者鍋子加熱，用厚棉布包裹以後，經常以肚臍眼（神闕穴）為中心熱敷孩子的肚子，等鹽包慢慢涼了之後，看到肚臍周圍的皮膚呈現微微的潮紅狀態，就表示熱敷的溫度和時間足夠了。有些家長說我們也敷了，可是效果不好啊，這是由於每次熱敷都因為怕燙到孩子，而墊了很多東西，沒有達到局部皮膚稍微發紅的標準。每天敷 2～3 次。如果是稍微大一點的孩子，比如說 4 個月以後，還經常腹瀉，就要及時添加副食品。副食品應以粥為主，稻米粥、小米粥、玉米粥、米湯都可以，不要總是添加米粉，餵的時候稍微熱一點，大多數孩子的這種腹瀉就會慢慢好起來。

總之，嬰兒腹瀉一旦發生就不太容易立即痊癒，我們不能病急亂投醫，過度治療，否則將導致嬰兒腸道菌群紊亂與身體免疫功能紊亂，引發很多不良反應。

5. 溼疹

新生兒發生溼疹的比例也很高，這跟其體質狀態有關係。一般來說，過敏體質的孩子更容易發生溼疹。新生兒溼疹可能發生在孩子全身的任何部位，常見於臉部、耳後、皮膚皺褶等處。主要症狀為皮膚上出現紅色皮疹，有輕微的潮紅。因為皮膚搔癢孩子經常哭鬧，這個很容易判斷。我們也可以在網路上查查相關圖片，對照一下就知道這是新生兒溼疹了。

新生兒溼疹的處理：輕微的溼疹不要過度用藥物介入，這種溼疹會隨著長大，慢慢越來越輕，逐漸自癒。

（1）洗澡：因為新生兒患溼疹，不少家長不敢幫孩子洗澡，怕加重病情，這是錯誤認知。一帶「溼」字就不讓孩子洗澡，新生兒代謝格外旺盛，出汗也比較多，經常不洗澡，汗液在皮膚上溼了又乾，乾了又溼，反反覆覆，汗液中的分泌物刺激皮膚，反而會使溼疹加重。因此溼疹並不影響孩子洗澡，反而要多幫孩子洗澡，維持皮膚的潔淨，以利於溼疹自癒。患溼疹的孩子，應該穿吸汗性、透氣性良好的貼身內

衣，包被也不要太厚，以免孩子經常身上都是汗。

(2) 衣被厚度適宜：衣被的厚度，以孩子在安靜的情況下，手腳是溫的，而背部又不潮溼為宜。總之，不要把孩子的被子蓋得太嚴密，尤其是冬季。

(3) 晒太陽：在天氣好的時候，適當地讓孩子多晒太陽也有利於溼疹自癒。

(4) 看醫生：如果孩子患有嚴重的溼疹，那就要看醫生了，但要盡量少用激素類的藥物。溼疹雖然是表現在外的問題，但是多起因於內部，所以不能單用外用藥，以內服藥治療往往更有效，「形現於外，而責之於內」講的就是這個道理。

(5) 多喝水：還可以讓孩子多喝些水，以利排出體內的內熱和「垃圾」，也會減少這種溼疹的發生。

總之，輕微的溼疹可以自癒，不要過度介入，就算針對嚴重溼疹進行介入性治療時，也要充分考量藥物可能對孩子產生的不良影響。

6. 經常哭鬧

哭，是新生兒的一種本能。眾所皆知，必須讓剛出生的孩子哭，哭啼有利於肺部的擴張，有利於建立肺部自主呼吸的能力。平時讓孩子適當地哭一場，也是正常現象，對新生

兒來講也是一種運動。但是家長總是孩子一哭鬧就去哄,久而久之孩子很早就會形成一種制約反應,長大以後也特別愛哭愛鬧。新生兒在發育過程中的生理特徵是每天大部分時間處於睡眠狀態,每天清醒的時間很短,但是隨著年齡漸長,清醒的時間會越來越長。新生兒餓了就醒,一醒就哭,吃飽了就睡。

(1)新生兒哭通常有幾個特徵:如果孩子經常哭鬧,就表示孩子有不舒服的地方,我們要及時請醫生看看到底是怎麼回事,特別是在半夜,哭鬧了餵奶,吃一點點就睡,又哭、再吃,反覆多次,孩子無法長時間睡覺,代表這孩子肯定是哪裡有問題。如果是正常餓了的哭鬧,可以特意稍微晚幾分鐘餵他,叫他稍微哭一哭,這對新生兒來講也是一種鍛鍊,對孩子的成長發育是有益的。總之,我們不能見不得孩子哭。

(2)通常孩子生理狀態下的哭鬧有幾種原因:一是飢餓或口渴;二是所處環境太熱或太冷、空氣渾濁、聲音嘈雜;三是孩子某個地方不舒服或疼痛。若孩子總是莫名其妙地哭鬧,檢查一下孩子身上有沒有哪個地方一摸孩子就哭,不摸就不哭了,那就要看看這個部位是不是有問題。

總之,孩子哭鬧就先幫孩子檢查一下全身,如果並沒有檢查出什麼問題,孩子卻仍是哭鬧,那就要請求醫生幫忙了。白天孩子清醒的時間比較多,晚上大部分時間處於睡眠、喝奶狀態,如果孩子在晚上反覆哭鬧一定要注意,很有

可能是有問題了。孩子哭鬧聲音如果特別洪亮、有勁，即是孩子有症狀不舒服，一般來講也不算特別嚴重；如果孩子哭聲越來越弱，越來越沒力氣，那我們就要特別注意了。其實哭鬧也能反映孩子的健康狀態。

7. 鵝口瘡

　　一些孩子出生後會出現一種疾病，我們中醫學叫「鵝口瘡」或「雪口」，現代醫學叫急性假膜型念珠菌性口炎。有時候在孩子出生以後就已經感染，因為這種病菌可能在母親的產道裡就有，孩子經過產道時可能會被感染。如果不太嚴重，也不需要過度治療，保持口腔清潔就行。這種鵝口瘡會反覆發作，它的特點是在口腔兩側的黏膜或舌面上，見到點狀、片狀或者大片狀的白色膜狀物，今天多一點、明天少一點，通常不影響孩子飲食、睡眠，除非感染比較嚴重，造成口腔黏膜破損，有刺激與疼痛感，才會影響孩子的吃和睡。這種情況一定要保持孩子的口腔清潔，我們通常使用外用藥物，比如耐絲菌素，把它壓碎成粉狀以後，用涼開水溶解，以棉花棒蘸取藥液，塗抹孩子的口腔，可以反覆多次，即使吃下去也沒關係，幾天後很快就排出了。關鍵是要避免再次感染，比如用母乳哺餵孩子時，要及時把乳頭清洗乾淨。如果不是吸母乳，孩子每次使用過的小湯匙、奶嘴等也要用涼開水清洗乾淨。另外，不要用過多口服藥物。

8. 結膜炎

有的孩子出生以後會出現眼屎增多、結膜充血的情況。家長若發現孩子的眼屎特別多，嚴重到早上起來以後眼睛都睜不開，有黃色或者淡黃色的分泌物將孩子眼睫毛黏結在一起，這就是新生兒結膜炎。新生兒結膜炎是在母體內、分娩時或生產後感染造成的，一旦發病經常會反覆出現。

該怎麼處理呢？幫孩子洗臉的時候要用專用的毛巾，也可以用眼藥水等藥品幫孩子點，一天滴 2～3 次，很快就會痊癒，痊癒後還要減少次數持續用一段時間來預防復發。牛奶餵養的孩子更容易罹患這種結膜炎。中醫認為孩子內熱比較重，或者是哺乳的媽媽吃過多肉類、乾燥、煎炸食物，母體內熱特別重，也容易造成孩子反覆發生這種結膜炎。哺乳期的媽媽可以適量喝些菊花茶，清清熱，會降低孩子得到結膜炎的機率。

9. 脫水性發燒

新生兒脫水性發燒，是指剛出生的孩子因為體內水分流失過多而出現的發燒現象。體溫往往超過 37.5°C 或 38°C，或者更高一些。孩子出生後離開了母體，環境發生翻天覆地的變化，內在呼氣和外在皮膚的蒸發都會帶走新生兒體內的水分，再加上環境溫度有時會比較高，比如夏季，新生兒體

內就會流失較多水分，如果又沒有及時為孩子補充水分，就可能會造成新生兒脫水。血液循環的量減少，散熱的介質不足，就可能引起孩子體溫升高。又由於新生兒對體溫的自我調節能力較差，因此外在環境太熱或太冷，都會影響新生兒的體溫變化。新生兒因脫水而引起發燒是一種生理現象，只要沒有特別嚴重，且狀態良好，能吃、能喝、能睡，一般不需要過度介入，可以多餵點水給孩子，或補充一點葡萄糖水、生理食鹽水，或在孩子飢餓的時候先餵點水。尤其要注意夏季或者冬季出生的孩子，環境過熱或乾燥，都會加重孩子體內水分的流失。這種情況下應多幫孩子補充點水分，同時提醒各位家長不要幫孩子穿得太多太厚，被子蓋得過嚴。有些孩子出生在冬季，氣溫低，家裡又沒暖氣，就容易幫孩子蓋得過多，導致孩子出汗過多而造成水分流失。即使水分不流失，也要了解新生兒對外界氣溫變化的自我調節能力差，不像大人熱了會自行脫衣服，冷了知道加衣服。

總之，在保持孩子手腳溫暖的前提下，衣服盡量不要穿得太多，讓孩子從小適應稍微涼一點的環境，可以增強孩子的耐寒力。如果經常幫孩子被子蓋得嚴實，小孩子就變成了「溫室花朵」，遇到稍微涼一點的環境就很容易著涼生病。特別提醒：千萬不要蓋住寶寶！

> **舉例**　某對年輕的夫妻，孩子剛出生，初為父母，也沒什麼經驗。天氣特別冷，出院後回到出租屋，把孩子包裹得特別緊，之後又將孩子放到兩個大人被窩的中間，年輕人晚上睡得又特別沉，後來孩子因溫度太高出現呼吸急促，加上大量出汗，體內水分流失過多，最終導致孩子因脫水而死亡。

10. 孩子洗澡

還未滿月的孩子是可以洗澡的，但是需要小心臍部感染。臍帶初期還沒脫落，即使剛脫落部分皮膚也很容易感染病菌，如果不小心碰到髒東西就很容易感染，所以在洗完澡後可以用一些優碘幫患部消消毒，並讓患部保持透氣，盡量不要覆蓋紗布。至於多長時間洗一次澡也沒固定要求，如果是夏天，孩子特別容易出汗就要勤勞一點，如果是冬天就少洗一點，小孩子出生以後多洗澡也有利於皮膚保持溼潤和皮膚上皮細胞的代謝。但要注意，不宜在孩子剛剛哺乳完就洗，最好在哺乳後的1小時到下次哺乳前的1小時之間，因為孩子的食道很短，剛喝完奶，在洗澡的過程中很容易溢奶！洗澡的水溫宜保持在比孩子的體表溫度略微熱一點的感覺，洗完澡以後要避免風吹，不宜馬上吹冷氣，不宜馬上出門。由於洗澡也是撫觸、接觸孩子皮膚的過程，所以盡量由孩子母親去做。

11. 臍帶的脫落

臍帶結紮狀況良好，沒有出現局部充血水腫，表示臍帶處理良好。如果出現局部紅腫或者有膿性分泌物，表示臍部有感染的情況。孩子臍帶的脫落有早有晚，不必著急、不要勉強，順其自然，靜等「瓜熟蒂落」就好了。時常用點消毒液等塗抹塗抹，每天 2～3 次。消毒臍窩時，如果一根棉花棒不能擦乾淨，就多用幾根，直到擦淨為止。盡量減少孩子哭鬧，預防臍疝氣的形成。

12. 胎便

孩子出生後一段時間內會排泄一些大便，我們通常稱為「胎糞」或「胎便」。胎便多是綠色或者深綠色，可能有少量的黏液。至於什麼時候排泄並不確定，通常較早哺乳的孩子，胎便的排泄會早一點出現。如果孩子哺乳良好，胎便充分排泄，表示孩子腸胃健康。胎便排泄也是排泄孩子腸道垃圾、建立自己排便意識的一個過程。如果孩子哺乳正常，胎便排泄卻很慢，我們可以幫孩子熱敷肚子，或者順時針 3 次、逆時針 1 次，反覆輕輕按摩孩子的腹部，刺激胎便及早排出。

孩子成長的第一關：選擇合適的種子，做好準備工作

影響孩子健康的關鍵習慣

孩子剛剛出生之時，就好像種子破土發芽一樣。孩子從出生到 1 歲，也就是新生兒期與嬰兒期，是孩子的重要時期，要為孩子打好未來的健康基礎，「育好苗」就是指這個時期。孩子在母體的時候，其五臟六腑的功能主要依賴母體而發揮作用。孩子出生後要建立自己獨立的各器官功能運作，就像種子發芽後，它依靠的已經不是種子本身的營養，而是土壤、空氣、陽光和水分了。所以孩子必須建立起自己的消化功能、呼吸功能、神經功能、血液循環功能等，也相當於中醫所說的脾主運化、肺主肅降、心主血脈、肝主疏洩、腎主封藏的五臟功能。中醫認為小兒「臟腑嬌嫩，形氣未充」，意思是孩童的各種臟腑功能非常的稚嫩嬌弱，而且功能運作還不完善、不成熟。然而孩子「生機蓬勃，發育迅速」，孩子的各臟腑功能會快速地向成熟完善方向發展，所以此時期的成長發育好壞，關乎孩子未來的健康，此時期是孩子健康的基礎。因為各功能、各器官、各身體組織均較柔嫩，孩子在此時期也極易受外界影響，導致成長發育不良，就好像一株剛剛發芽的幼苗，最需要呵護。這期間對孩子來講，要注意以下幾個方面的問題。

| 吃 | 喝 | 拉 | 撒 | 睡 |

1. 吃

（1）母乳是最好的營養：通常母乳好的話，可以餵到 1 歲或者再稍大一些；要是母乳不好，可以在 10 個月左右斷奶，這要根據母親的情況而定。若母親健康狀態良好，孩子的腸胃功能也好，可以提早加入副食品、提早斷母乳。如果不確定可以尋求小兒科醫生的建議。現實中，有些母親本來就母乳不足或品質不佳，還不儘早加入副食品，導致孩子成長緩慢。另一種極端則是母乳很好，孩子都上幼兒園了還沒斷奶，導致孩子腸胃功能較弱，很容易食積。

（2）母乳餵養：基本原則是隨喝隨餵。即孩子餓了就可以隨時喝。但是，通常小孩吃睡也是有自然規律的，如果孩子是醒一下子、吃一下子，每次吃一丁點，短期睡眠頻繁而長時間睡眠少，那表示孩子的健康可能有問題，應盡快請求醫生協助。

（3）母乳不足，及時加入副食品：如果母乳不足，一是讓母親進行催乳調理；二是及時幫孩子添加母乳替代品，比如牛奶、米油等；三是及時加入副食品，通常 4 個月的孩子可以開始加入副食品，母乳好的也可以等到 6 個月再加入。

孩子成長的第一關：選擇合適的種子，做好準備工作

加入副食品的原則：慢慢加，循序漸進，由少到多，由細到粗。如米湯、米油、菜湯、果汁等，漸漸地可以加入米粥、麵條、菜泥以及牛奶。牛奶屬於代乳品，即代替母乳的食物，但是過度依賴牛奶，不利於鍛鍊孩子的咀嚼及腸胃功能，長大後容易食積。

> **舉例**
> 曾有一個 9 歲的孩子，連續患了 10 次肺炎，平均下來也比每年 1 次還要多。孩子面黃肌瘦，而且急躁易怒，注意力也不太集中，特別容易食積。透過詢問，得知其主要原因是平時孩子吃飯以喝牛奶為主，牛奶幾乎成為他的主食。後來透過調理孩子的腸胃和免疫功能，並改變飲食結構，孩子才慢慢好起來。

充足且品質好的母乳是孩子少生病、長得好的關鍵！以母乳餵養並及時加入副食品是孩子腸胃健康的基礎！

(4) 孩子斷奶：孩子斷奶要注意幾個前提。一是母乳不足，調理催乳沒有效果；二是孩子體重增加情形不理想；三是母親身體虛弱或者患有疾病，長時間服藥；四是非常明確的母乳品質下降，影響孩子的健康成長；五是 1 歲以後孩子每天的副食品量已經達到總量的 2／3；六是經醫生判斷具有其他不適合繼續以母乳餵養的情況。總之，什麼時候斷母乳應根據孩子、母親的具體情況而定。

(5) 羊奶餵養：羊奶也屬於母乳替代品。母乳不足的時

候，有些地方會餵孩子羊奶，特別有相關條件的農村，雖然它的營養成分與牛奶類似，還有一些地區會選擇用駝奶、氂牛奶，其主要營養成分也大多接近牛奶。但需要注意牛奶仍然是餵養孩子的主要選擇，其次才是羊奶、駝奶。羊奶更容易讓孩子上火，所以餵羊奶的孩子要多餵些水，多讓孩子排尿，才會減輕孩子上火的症狀。

(6) 水解奶粉餵養：水解奶粉（乳蛋白部分水解配方奶粉）通常是將牛奶中的大分子蛋白質做適當地分解，分解成更小的成分，便於腸道吸收，用於消化功能不良的小孩，特別是腸道功能紊亂，無法有效分解吸收大分子蛋白質而引起腹瀉的孩子。需要注意的是，很多孩子腹瀉是有病因的，治療腹瀉是主要任務，而不是單純更換為水解奶粉，也就是說水解奶粉不是孩子的首選食物。目前，過度推薦水解奶粉這一現象應該得到糾正，我們仍鼓勵喝全奶！如果孩子對普通牛奶過敏、消化不良，那是因為孩子自身消化功能存在問題，我們應該透過調理孩子的腸胃功能，讓腸胃能妥善分解這些大分子蛋白質，而不是簡單地更換成水解奶粉。水解奶粉口感不好還容易導致孩子食慾下降，影響成長。

2. 喝

（1）孩子餵水：孩子是需要喝水的！以母乳餵養為主的孩子其水分主要是從母乳中獲取，只要母乳充足，孩子的水分基本上就足夠，所以母親要多喝點湯湯水水的食物，使乳汁水分充足。

孩子需要餵水的情況：一是尿量少或尿黃，表示孩子體內缺水，要及時補充水分；二是孩子出汗比較多，汗多水分流失就多，要幫孩子及時補充水分；三是天氣炎熱的時候，比如說夏季天氣炎熱，通常水分流失也比較多，需要的水分也多，因此要多補水；四是孩子經常哭鬧也會造成水分流失較多，哭鬧會使呼吸加快，這種不明顯的失水也會很多；五是患有發燒、腹瀉、嘔吐、呼吸道感染的孩子水分流失快，應及時補充水分。反過來，如果經常缺水，孩子體內「垃圾」增加，內熱偏重，會更容易生病。

（2）喝水時間：在餵奶前大約30分鐘可以先餵孩子一些水，若是孩子不怎麼喝可適當加些糖，但是還是以白開水為主。孩子肚子餓的時候餵水就相對容易，稍微休息後再餵奶或餵飯，因為孩子腸胃吸收水分的速度還是很快，並不會影響孩子進食。另外，在加入副食品的時候可以多餵些粥和菜湯，這本身也是一種水分補充。如果孩子的尿量增加了，且尿的顏色是淡黃色或白色，則表示喝水量剛好。

(3) 喝水種類：

- 白開水。適用於任何情況下的缺水。
- 淡鹽水或者淡糖鹽水。適用於出汗多、腹瀉、嘔吐或者新生兒脫水性發燒的孩子。
- 蓮藕水、荸薺水、梨水、百合水。適用於經常患呼吸道疾病的孩子。
- 米湯水、米油水。適用於腹瀉、消化不良的孩子。
- 白蘿蔔水。青皮蘿蔔最佳，它具有消化、理氣、化痰的作用，適用於消化不良、經常腹脹、食慾不振的孩子。
- 胡蘿蔔水。可以補充維生素，適用於大便乾、消化不良的孩子。
- 艾葉水、枇杷葉水。適用於經常風寒感冒或咳嗽的孩子。
- 白蘿蔔加生薑水。適用於風寒感冒、寒性咳嗽的孩子。
- 荊芥水。荊芥煮水，適用於患出疹性疾病，如麻疹、德國麻疹、痱子、水痘等疾病的孩子。
- 藿香水。適用於夏季溼熱比較重、經常處在冷氣環境下、易感冒孩子的預防和治療。
- 蒲公英水或者小薊水。適用於內熱比較重，經常患黃水瘡、口瘡、扁桃腺化膿發炎的孩子。
- 生薏仁水。適用於水痘、溼疹、頻尿或大便黏膩不爽、溼熱比較重的孩子。

3. 拉

大便是食物的殘渣，是體內不需要的垃圾。大便排泄正常與否既能反映孩子的腸胃狀態，同時也是許多疾病的重要訊號，所以了解孩子排便的情況，對發現孩子的健康問題有著重要意義。家長可以從下面幾點來觀察。

(1) 正常大便：呈黃色，形狀是條狀或者稠糊狀，每天 1～2 次，也可能 1～2 天 1 次。大便可能有少量奶瓣或食物殘渣，嬰兒偶爾會幾天才大 1 次便，甚至 10 天 1 次，只要不是經常發生，不一定要視為生病。這種情況多見於肥胖孩子，可以透過多喝水、揉揉肚子來促進排便，一般無須過度治療。

(2) 保持正常大便：大便通常是條狀或者稠糊狀，年齡越小，大便的成形度越差，也就是說小孩子的大便可能呈條狀、稠糊狀或偶爾為稀糊狀。同時，顏色是黃色，過黃或發白則不正常。

要保持孩子大便正常要注意幾個問題：一是飲食要規律，只有當飲食規律，腸胃活動才能規律，進而排便才會規律；二是多運動，經常讓孩子活動，才能增強孩子的腸道蠕動功能，對還不會走路的孩子，逗其玩耍也是一種運動；三是飲食結構要合理，不要過於精細，特別是食用副食品的孩子，過度精細或過多的肉、蛋、奶容易造成大便乾結，多吃蔬

菜、水果則有利於刺激腸道蠕動;四是母乳餵養,母親要多喝水,少吃辛辣刺激、膨化乾燥、煎炸的食物,否則就會造成孩子內熱加重而發生便祕;五是養成孩子定時排便的習慣,每當孩子有排便反應的時候,要及時引導孩子排便,慢慢讓他形成一種制約反應,否則,孩子想大便了,家長沒有及時發現,過了排便時間點,孩子反而不排便了,長久下來就會造成孩子排便規律紊亂;六是經常幫孩子揉揉肚子,按順時針3次、逆時針1次的手法按摩腹部,可以刺激孩子腸道蠕動、促進排便;七是排便不順暢的孩子可以經常熱敷肚子,比如用熱敷鹽袋熱敷肚子,或者是在孩子的肚子上墊一條毛巾,用吹風機的熱風吹一吹,再揉一揉,這些都有利於孩子排便,但是要注意避免燙傷。

(3) 大便異常表現:

- 便祕,也就是大便乾結或者是如羊糞狀或顆粒狀,或者雖然大便不乾,但是好幾天1次,顏色較深,或大便特別粗大,或排便很困難。長時間便祕容易導致內熱加重、上火,容易得到感冒、口腔潰瘍、瞼腺炎(麥粒腫)、扁桃腺發炎等疾病。
- 便黑,指大便顏色發黑,就像柏油一樣。排除吃了動物血類食物的情況,顯示腸道可能有出血,要及時請醫生診治。

- 便血，指大便帶鮮血或者帶血絲。多見於痔瘡，內痔或者外痔都會引起大便帶血。腸道有息肉或者肛裂，大便都會夾帶血絲或鮮血。
- 果醬狀大便，指大便的顏色呈暗紅色，像蘋果醬一樣。排出這種大便的孩子多伴隨腹痛、哭鬧、嘔吐，表示孩子可能得了腸套疊，應緊急請醫生診治。
- 大便稀，指大便不成形，呈稀糊樣。多見於消化不良的孩子。若是伴有黏液、黏條，或者像白色果凍一樣的東西，其間雜有血便，表示可能是腸炎或痢疾，夏天或者秋天更容易患此病。
- 大便稀如水狀，或者呈蛋花狀，或者像洗米水一樣，而且量比較多。通常見於秋天，是由病毒引起的腹瀉，也叫秋季腹瀉。
- 大便像水一樣，泡沫比較多。可能是肚子著涼了，風寒腹瀉的孩子容易出現類似的大便。
- 大便稀、酸臭味明顯，裡面有比較多食物殘渣。喝奶的孩子的大便中如果發現奶瓣較多，表示孩子吃太多了，即食積。
- 飯後立即大便，指孩子剛吃完飯就想大便，有時候飯沒吃完就去大便，常常吃得多、拉得多。這是因為孩子的脾胃比較虛弱，吸收功能不好。

- 大便稀，顏色發綠。或因內熱比較重，或是孩子的食量不足，或表示蛋白質類的食物消化不良。
- 大便呈灰白色。大多為膽道閉鎖，常見於新生兒期間。
- 大便稀或者稠糊狀，顏色黃，黏膩不分明。表示孩子體內溼熱較重。
- 大便前乾後稀，是指大便前面較乾，而後面不成形。多數是脾胃虛弱伴有內熱。

(4)腹瀉：對孩子來講，有些腹瀉並不是因為腸道出了問題，可能是腸道以外的疾病引發孩子腹瀉。

- 風寒感冒。即著涼了，特別是嬰兒，著涼後除了感冒的症狀以外，常常伴隨腹瀉、嘔吐。
- 突然受到驚嚇，孩子也會腹瀉，這種腹瀉大便的顏色通常發綠或者為青色。
- 肺炎的孩子會出現腹瀉症狀，特別是嬰幼兒的毛細支氣管炎。這種肺炎多發生於2歲以前，容易同時伴隨腹瀉，而且有時候腹瀉比肺炎還要慢痊癒。
- 腹部著涼。就是肚子著涼或孩子吃太多涼的食物，就容易引發腹瀉。

引發腹瀉的疾病還有很多，以上都是較為常見的。

(5)排便：建立孩子規律的排便習慣有助於孩子整體健康。比如孩子早上起來主動去排便。孩子每次大便時，家長仔細觀察排便前有哪些徵兆，比如一些孩子想大便時就會去拉大人的手往廁所走，或孩子大便前放屁較頻繁，或小孩子有蹲下並施力的現象等，這時要及時引導孩子主動去排便。等孩子上完廁所，大人幫孩子擦乾淨，然後再遞衛生紙給孩子，讓孩子自己去擦，大人修正他的動作，反覆訓練，這樣的孩子到了上幼兒園的時候，就會自己解決大便問題了。不要讓孩子養成長時間蹲廁所的習慣。總之，通常2歲以後就應該訓練孩子自己解決大便問題了。

4. 撒

撒是指孩子的尿尿。小便有著排泄人體代謝廢物、清除體內「垃圾」、清內熱的作用，同時也是許多疾病的訊號，所以我們應更加注意觀察孩子尿尿的情況。

(1)正常小便：孩子正常的小便顏色是淡黃色或者是清水色。喝的水多，尿量多、次數也多，每個孩子不一樣，但通常是年齡越小，尿的次數越多，白天小便的次數會多於晚上。早晨起來尿的顏色比較黃，通常不會視為疾病的訊號，因為經過一個晚上尿液濃縮，晨尿就會更黃，隨後顏色會越來越淡，如果一直發黃才視為異常。晚上尿的次數比平時多，而且量很多，可能是晚上睡前飲用的湯和水過多，也

不視為異常。如果晚上頻尿而且量少，則可能是不健康的現象，要儘早請醫生診斷。

(2)防止尿床：及時發現孩子想要尿尿的一些反應，及時引導就不容易出現尿床的現象。夜裡孩子要尿尿時，往往有頻繁翻身、時而哭鬧的徵兆，這可能是孩子想要尿尿了，此時應及時引導。在孩子的肚臍下方到恥骨之間有隆起，輕輕觸摸偏硬，表示膀胱充盈，孩子要尿尿了。

(3)異常小便：

- 頻尿。尿的次數多，但是量很少，而且多發生在白天，大多是孩子精神緊張，或者是內熱偏重導致的。通常透過多讓孩子飲水，減少孩子的壓力，分散注意力，多做戶外運動，少吃零食和乾燥煎炸的食物等方式調理一下，大部分孩子的症狀很快就會消失。
- 尿色發白渾濁。有時就像洗米水一樣，不是每次尿尿都會發生，偶爾可以見到這種白尿，尿液經過常規檢驗會發現很多結晶體，多屬於消化不良，也就是食積。出現這種情況要注意控制飲食，吃些助消化的藥物，消化順暢就可以了。
- 尿黃。除了晨尿，其他時間的小便也比較黃，多屬於內熱。如果持續呈現黃色而且比較深，可能是急性黃疸引起的，要及時請醫生診治。

- 尿紅。尿的顏色如洗肉水一樣，呈粉紅色，表示孩子可能患了急性腎炎，或腎有外傷，要及時請醫生診治。
- 尿的氣味特別重。指尿的氣味特別臭、臊氣重，往往是因為食積，腸胃功能紊亂。通常積滯體質的孩子更容易出現這種現象。如果尿的氣味像爛蘋果的氣味，特別是夏天尿到地上，發現螞蟻特別喜歡吸食，就有可能是兒童糖尿病。
- 小便清長而且量多。尿色比較清淡，次數也比較多，甚至夜尿次數也比較多，通常表示孩子脾腎陽虛。
- 尿少而且較黃，氣味重。通常表示孩子體內缺水了，出汗過多或腹瀉較嚴重的孩子經常出現這種情況，也可以見於腎功能衰竭少尿期的孩子。
- 尿痛、尿癢。指尿尿的時候疼痛或搔癢，太小的孩子會表現為尿尿時哭鬧，稍微大點的孩子就能準確表達，這在中醫上屬於溼熱內盛，相當於現代醫學的尿路感染，女孩子更容易發生。

（4）小男孩包皮過長：有許多家長詢問，醫生說小男孩的包皮太長，建議手術切除。通常小男孩的包皮稍長些，只要沒有明顯不適，又沒有頻繁局部感染的現象，不建議動手術。到了青春期，由於男孩子第二性徵快速發育，很多男孩子包皮就不會顯得長了。

(5)小女孩外陰衛生：有些小女孩的陰道會出現少量分泌物，甚至呈粉紅色，但多數較短暫，量也較少，可能是孩子在發育過程中短暫的內分泌紊亂造成的，大多可自癒。密切觀察，不要過於急切地進行介入治療。小女孩因其生理特徵，外陰部容易感染細菌、真菌或蟯蟲等。家長要經常幫孩子清洗此部位，要注意這裡用涼開水沖洗即可，不要過度使用沐浴乳，因為經常用沐浴乳會破壞此部位分泌物保護膜的作用，失去皮膚黏膜的保護功能，反而更容易造成感染。要挑選寬鬆的內褲，勤換勤晒。小女孩總是抓癢，大多是由於局部感染，或者局部溼疹，要及時就醫。

5. 睡

睡對孩子的成長十分重要。剛出生的孩子，睡就是一種本能，所以剛出生的孩子往往以睡為主。除了睡眠時長外，睡眠節律也是孩子日後建立身體生理時鐘的主要項目，所以養成良好的睡眠習慣，直接或間接影響著孩子未來的健康。

(1)睡多長時間：剛出生的孩子，睡的時間很長，基本上是除了吃，其他的時間幾乎都在睡，偶爾會睜開眼睛若有所思、漫無目標地醒一下子。睡眠有利於孩子自身儲備能量，有助於身體組織的生長，白話地講就是「長大、長胖」。所以這個時期不要過度逗弄孩子，打擾他的睡眠，以免影響孩子的成長。這個時期的調養護理，只需讓他吃好、睡好就可以

了。隨著年齡漸長，睡眠的時間會逐漸減少，孩子需要更多時間睜開眼睛與外界交流，這有利於孩子的感知、智力、心理的發育。總之，年齡越小睡得越多，2歲以後孩子每天睡眠的時間應在10小時左右，因為個體差異，時間可能多一點，也可能少一點，只要與同齡孩童沒有太大差異都屬於正常。

（2）怎麼睡：其實就是怎麼掌握睡眠規律。無論孩子大小，晚上是睡眠的主要時間，白天是次要的，而且年齡越小，這種夜寐晝寤的特徵越明顯。家長應該盡可能地讓孩子睡眠時間規律，特別是睡醒的時間點與餵奶吃飯的時間正好配合，這樣有助於腸胃生物規律與睡眠規律的雙重建立，利於孩子健康成長。至於怎麼掌握規律，就要依孩子不同的狀態而定，也不是每個孩子都一樣。盡可能訓練孩子不要超過吃飯的時間，更不能養成「日夜顛倒」的壞習慣。

（3）睡眠品質：睡眠品質是指孩童睡得好不好，有沒有睡得安穩，是不是睡得很沉，白話來說就是睡得香不香。如果孩子睡眠時長足夠、規律也好，但是睡眠品質不好，同樣會影響孩子的健康成長。如果睡眠中頻繁翻身，一整個晚上從這頭翻到那頭，睡得很難受，睡得不安穩，或者在睡眠過程中經常哭鬧，夢話也很多，或者睡得很淺容易被驚醒，這都屬於睡眠品質不好。

（4）大人陪睡，還是自己睡：毫無疑問，陪睡不是好做法！應該讓孩子從小養成獨立睡眠的習慣，這有利於訓練孩

子儘早獨立生活的能力，也避免大人與小孩相互影響彼此的睡眠。經常有媽媽們抱怨：自從有了孩子就沒有好好睡過覺！夜裡總是處於似睡非睡的狀態，總是放心不下，身體免疫力也為此慢慢下降。睡眠是孩子的一種本能，也是人的自然屬性，因此也應該順其自然，具體來說就是讓孩子自己睡！建議剛出生就讓孩子獨自睡覺，可以讓孩子睡在包巾裡，把包巾放在大人的旁邊。再大一點可以放在嬰兒床裡，嬰兒床放在大人的床旁邊方便照顧。不宜將孩子放在大人的被窩裡，有時候家長陪睡還可能發生意外傷害。

　　(5)衣、被、床、枕：孩子睡覺應盡量少穿衣服，建議穿寬鬆柔軟的上衣，這樣有利於孩子的成長。有些家長怕孩子著涼，特別是天氣冷、室內溫度比較低，擔心孩子踢被著涼，總是讓孩子穿很多衣服睡覺，其實這是不對的！孩子越容易踢被越不要讓孩子穿太多衣服。因為衣服穿得多，孩子一旦踢被，在外面很長時間才會感覺到寒冷，才會本能性地趨向暖和的地方，這樣反而使著涼的時間增加，感冒的機率更大。而穿得薄他很快就會感覺到冷，就會睡不安穩或本能地往暖和的被窩裡鑽，家長也會更早發現，所以提醒家長不要讓孩子穿很多衣服睡覺。若是夏天擔心孩子肚子著涼，可以用一條長條毛巾，裹在孩子的肚子上，然後把孩子的手放到毛巾外側，這樣孩子在翻滾的過程中，這條毛巾便會一直纏繞在肚子上，就不容易引起肚子著涼了。

至於孩子睡的床，盡量不要太軟，這樣有利於孩子在成長過程中身體曲線的塑造。枕頭既不能太軟也不能過硬，枕頭也是為了確保孩子形成正常的身體曲線，特別是對保持孩子頭型發揮很重要的作用。如果枕頭太軟，孩子仰臥時間比較長，就很容易形成後腦勺過長；如果枕頭太硬，那孩子的頭型就會過於扁平，也不好看，枕頭應保持軟硬適中。如果孩子的後腦勺太長了，要幫孩子換一個稍微硬一點的枕頭，比如說將一本書外側裹上毛巾讓孩子當枕頭，再用兩個毛巾捲放在兩側的耳頸部，就可以有固定頭型的效果，孩子在翻身轉頭時不容易脫離枕頭，對改善孩子後腦勺過長的情況有一定的作用。通常保持孩子良好的頭型應該在1歲以前完成。

（6）睡姿：有很多家長總問孩子總是趴著睡，這樣睡是否有什麼問題呢？其實孩子喜歡怎麼睡都沒關係，順其自然就好。但是，如果孩子平時都是這種睡姿，突然又換成另外一種睡姿，那就要特別留意了，要看看是否有健康問題。比如說，孩子近期喜歡屈成一團睡，或者突然特別頻繁地翻滾，大多是肚子不太舒服，可能是食積了；經常把腳伸出被窩外、喜歡將腳挨著涼涼的牆壁、床頭，說明孩子內熱偏重；總喜歡在腹部抱個小枕頭睡覺，可能是孩子的腸胃不舒服；總是抱著大人睡覺，多是受到驚嚇了，怯弱性格的孩子也經常是這種睡姿。

6. 哭

哭是孩子的一種本能，也是天性。年齡越小，哭這一特點就越明顯，換句話說越小越愛哭。同時，哭也是一種特殊的語言，對孩子來說，哭有幾種情況：一是本能，剛出生的孩子一定要哭，有時候出生的孩子不哭，醫生還要拍打刺激讓孩子哭，目的是讓孩子的肺組織盡快張開，盡快建立獨立的呼吸能力，有利於孩子健康；二是適當哭一下也是一種運動，在哭的時候會伴隨全身的肌肉運動。我們家長不能見不得孩子哭，孩子哭不一定都是壞事，家長不要孩子稍微一哭就哄逗搖晃，這會慢慢形成制約反應，造成日後孩子養成稍不滿意就哭的壞習慣；三是哭也是一種表達訴求的方式，比如說飢餓、疼痛、寒冷、不舒服、想睡，甚至不開心都會哭。常見的非健康哭鬧有以下幾種：

(1) 飢餓的哭：是小孩子的一種本能。區別的辦法很簡單，當孩子哭鬧，透過哺乳、餵食，或者是喝水，孩子得到滿足便馬上不哭了，那我們就知道是餓了或是渴了。

(2) 想睡的哭：就是孩子睏極了，在入睡前期特別難受，就容易哭鬧。所以我們要注意別讓孩子極度疲憊才睡覺，那樣長久下來，就會造成睡眠前哭鬧的不良習慣。

(3) 佝僂病的哭：就是孩子缺鈣了，患佝僂病後，就容易煩躁哭鬧。這種孩子多數伴有出汗多的症狀，容易受到驚

嚇，比如聲音稍微大一點，就會顫慄、發抖、哭鬧。

（4）疼痛的哭：主要原因是某個部位感到疼痛，特別是小孩子無法表達，主要表現形式就是哭。哭鬧是各種疼痛的一種特殊語言，比如說口腔潰瘍，一吃東西，孩子就哭鬧。肚子痛、頭痛都會引起哭鬧，我們要及時找出是哪裡疼痛引起的。

（5）不舒服的哭：比如孩子身體某個部位很癢、肚子脹、太熱、太冷，或者被蚊蟲叮咬，這都容易造成孩子不舒服而引起哭鬧。

（6）快要生病的哭：有些孩子平時很穩定，某段時間特別愛哭，總是稍微不順心就哭，情緒明顯不好，這就要多觀察孩子這段時間大便是否乾結，喝奶的孩子是不是這幾天容易嗆水、嗆奶，大一點的孩子總是清喉嚨，食慾明顯變差，晚上睡得特別不安穩，這都可能表示孩子快要生病了。許多疾病的前期徵兆都是身體不太舒服，表現為孩子情緒特別不穩定，容易哭鬧，這時就要密切注意孩子是不是發燒了、感冒了、食積了。

（7）暈車的哭：多見於體質虛弱的孩子。因為車內空間狹小，空氣品質相對較差，再加上車體處於移動顛簸狀態，孩子難受，就會表現為哭鬧、煩躁、精神不振、噁心嘔吐。

（8）鬧情緒的哭：孩子為了獲取某種訴求，比如想要什麼玩具、吃什麼東西就會哭鬧。對於這種哭鬧，如果孩子過於

無理取鬧，就不能滿足其要求，應採取不理、忽略的態度，不要讓孩子覺得哭鬧就會引起關注、就會得到滿足，日後養成不良的習慣。稍微大一點的孩子，我們可以跟他講道理，如果家長過度溺愛，就會造成某些孩子出現歇斯底里性哭鬧，甚至嚴重哭鬧時還會出現呼吸暫停的現象。從小過於放縱孩子哭鬧，特別是因為情緒引發的哭鬧，會造成孩子養成許多不良習慣，所以我們要注意教養，讓孩子明白並不是任何時候都可以隨意哭鬧。

7. 味

是指孩子的味覺，主要是在飲食中的味覺訓練。孩子在長大前，特別是在嬰兒期，未完全進入普通飲食階段，訓練孩子養成良好的味覺習慣對日後孩子的腸胃，甚至身體健康相當重要。孩子出生後味覺其實已經很靈敏了，比如當餵孩子吃苦藥的時候他會皺眉，拒絕吞嚥，這都表示孩子對味覺已經很敏感了，只是還不太成熟。這個時期不要讓孩子嚐過度的調味，就是口味不要太重，比如過鹹、過甜、過酸等，五味不要太過，要偏淡一點。

特別提醒：吃飯和喝水加糖、果汁加糖，或者烹調食物過度添加調味料，這些習慣均不利於孩子良好的味覺功能發育。

清淡口味,「原汁原味」應該是這個時期孩子飲食口味的主軸。過於濃厚的口味,會強烈刺激孩子味覺,對進入副食品階段的飲食會造成不良影響。當然,也不是讓孩子的飲食一點味道都沒有,有些家長一點鹽都不加,孩子都1歲了,已經吃副食品很久了口味仍然很淡,也是不對的。孩子食物滋味太單一,會造成日後孩子對食物的味覺過於敏感,養成挑食的壞習慣。有些大人不吃香菜,不吃蔥、薑、蒜,我們不能把這種偏食習慣帶給孩子,應該訓練孩子什麼都吃的飲食習慣!總之,口味清淡,不宜太重!

8. 嗅

嗅,就是聞氣味,指孩童的嗅覺功能。孩子對嗅覺沒有那麼敏感,這也是基於孩子對嗅覺的反應不明顯,所以大人認為孩子的嗅覺不敏感。但是孩子的嗅覺功能是在不斷發育成熟的,因此,保護好孩子的嗅覺功能也十分重要。因此要注意以下幾點:

(1) 保持孩子生活環境空氣流通、清新:避免在有異味的環境下生活,否則會對孩子嗅覺功能產生不良的影響。有些家長不太在意,特別是冬季,因為天氣寒冷,屋內比較密閉,所以孩子生活的室內空氣渾濁、氣味異常,其實這對孩子培養良好的嗅覺功能是非常不利的。

(2) 不要讓孩子接觸非天然及過於強烈的氣味：比如香水、化妝品的氣味、菸味、酒味、過濃的室內花香氣味、汽油、油漆、煤煙及潮溼環境中發霉的氣味等，這都會影響孩子的嗅覺發育。

(3) 避免孩子經常性的小感冒：比如鼻塞、流鼻涕，經常這樣會影響孩子鼻黏膜的正常發育，進而影響孩子日後的嗅覺功能，特別是在小感冒後過度頻繁使用一些噴鼻子、塞鼻腔的藥，或經常清洗鼻腔等，這些都會刺激或損傷孩子柔嫩的鼻黏膜，影響孩子未來的嗅覺功能。

特別提醒：孩子生活環境的氣味除了不能過於異常外，也不能讓孩子對氣味過度敏感。如經常蒙在被子裡睡覺會讓孩子呼吸的空氣過於渾濁；還有些孩子從小生活在過度潔淨的環境裡，習慣在家裡面大小便，上學後不習慣在學校上廁所，造成大便乾結，反而影響了孩子的健康。這就是因為孩子對異常氣味的適應能力太差。

9. 視

視，是指孩子的視力，孩子視力發展是隨年齡而逐漸成熟的，應從小訓練孩子遠近視覺的調節能力，減少視力出現問題的可能性。提醒家長注意下面幾點：

(1) 要注意孩子生活、玩耍環境的光線：既不能太強，也

不能過於昏暗,要明亮而柔和。

　　(2)視覺的色彩,不可過強、過雜:花紅柳綠、大紅大綠、太黑太白均不利於孩子建立對色彩良好的視覺反應。淺綠、粉色、米黃都是較適合孩子生活環境的顏色。

　　(3)不能長久近距離視物:應避免孩子長時間或經常性近距離看東西,如近看電視、手機、電腦等,玩玩具也要保持一定的距離。如有些孩子還不會坐、不會站時,躺在床上,家長會在孩子眼前吊一個玩具,若玩具離孩子眼睛太近,長期近距離視物,會造成孩子眼肌發育不平衡,形成鬥雞眼。有些孩子睡在窗邊,窗戶外的樹枝、樹葉隨風移動,孩子總是往同一側視物,形成斜視。隨著年齡漸長,孩子的視覺距離會越來越遠,因此不要讓孩子長期近距離觀看或長時間看某個固定物品。我們發現,有些孩子長大後的鬥雞眼、斜視,可能跟小時候這種視覺不平衡有關係。

　　(4)不要讓孩子經常近距離看書:這會對孩子眼肌發育產生不良影響。鼓勵孩子多看書,養成閱讀文字的好習慣,但應保持與書本的適當距離,減少近視、弱視等疾病的發生,並養成良好的閱讀行為習慣。

　　(5)要經常讓孩子到大自然中:多看一些自然環境,遠望綠地、山脈、大海、草原等自然風光,這對孩子的視覺發展非常有幫助。同時,也要訓練孩子能適應稍加昏暗的環境,

鍛鍊瞳孔的擴張與收縮功能，也可以時常訓練孩子在昏暗環境下去辨識一些物品，訓練孩子眼肌的調節能力。

(6)整體體質的強弱也會影響部分視覺功能：比如現在的小學生、中學生及大學生戴眼鏡的人特別多，這跟平時的視覺訓練以及整體體質有關。當孩子眼睛出問題的時候，不要光從局部考慮，也要調理整體體質。患有營養不良、營養不均衡、貧血、佝僂病、疳證等病症的孩子更容易出現視力異常的情況。

坐月子指南

1. 產婦月子期間的健康

　　產婦月子期間的健康，直接或間接影響到孩子日後的健康。因此產婦產後的康復和疾病是孩子成長第一個關卡的重要影響因素。產婦要注意以下幾個方面：

　　(1)飲食：此時的產婦處於哺乳期，宜食含有高蛋白質、適量脂肪的食物。食譜以湯湯水水為主，不可太過油膩，煎炸、辛辣刺激的食物應該少一點，否則會影響產婦的腸胃，使腸胃功能紊亂，乳汁分泌減少，進而影響哺乳。飲食頻率可以採取少量多餐的方式，以母親的飢餓狀態酌情而定，但要有規律，掌握三個關鍵：湯、軟、熱！唯有母親健康飲食，母乳才能正常分泌，孩子才能健康！

　　(2)睡眠：足夠的睡眠是確保產婦免疫功能平衡、乳汁分泌充足、精力充沛和情緒穩定的基礎。產婦由於要哺乳餵養孩子，因照顧孩子而睡眠時長和品質都不良，特別是當孩子不舒服或生病的情況下，因睡眠不好而影響母乳的分泌，直接影響孩子的營養，所以應盡量確保母親擁有足夠的睡眠。

產婦在月子期間要養成小睡、入睡快的習慣,「見縫插針」地累積自己的睡眠時間。產婦的睡眠特徵往往是短睡眠多,長睡眠少,整體睡眠時長不應少於每天 7 小時。

(3)情緒:產婦除了飲食、睡眠以外,心情愉快,保持情志舒坦是很重要的健康基礎,產後要盡可能讓產婦保持良好的情緒,減少產生發怒、憂慮、憂鬱、煩躁等不良情緒,所有圍繞產婦的健康護理都要把情志舒坦放在重要位置。一旦發現情志不遂,要及時調理,不可日積月累。可以讓產婦聽聽音樂,增加戶外運動、晒太陽,和昔日的朋友、同學、同事見見面聊聊天。總之,不要整天悶在家裡,甚至幾個月不出門,這樣很容易造成情緒低落、焦慮憂鬱。另外,產婦適當地接觸色彩比較清爽的顏色,如粉色、綠色;多呼吸新鮮空氣,聞聞花香,比如茉莉花或玫瑰花香;聽聽鳥鳴,遠望綠油油的景色等,都會有助於使產婦的心情愉悅;適當的甜食也有利於調整產婦的情緒。保持產後的排便順暢也是情緒良好的內在因素之一。

(4)避風寒:「產前一盆火,產後一盆冰」這是一則民間諺語,它的大意是在孩子出生以前,產婦氣血旺盛,體質是偏重於熱盛;生產中耗費了大量的氣血,產婦氣血是相對虧虛的,加上餵養母乳,所以產婦的體質偏向虛寒狀態。因此,產後這個時期特別容易被風寒感冒所傷,風、寒、暑、溼、燥、火六氣就可能變成六淫,成為致病的因素。所以坐

月子的產婦應比正常人更注重避風避寒，但是這不代表就是整天不出門，一點風寒都不能承受。只要適度，在風和日麗的時候讓產婦出門走走、晒晒太陽，接觸天地之氣，反而利於產婦的康復。

(5)勞逸結合：產婦的身體比較虛弱，身體氣血虧虛，要以身體靜養為主，但是又不能過度安逸，形神都要養，適度活動一下筋骨，利於產後身體的康復。但無論是運動、做家事還是帶小孩，不要過度使用某一側或某個部位，這樣很容易造成產後局部部位的疾病，比如有一些產婦總是用右側身體哺乳，日後右側肢體便容易出現問題。總之，無論全身還是局部，運動都要相對均衡，既不能過度安逸，也不能過度勞累。

2. 月嫂、月子中心的不足之處

孩子剛出生，產婦身體虛弱，很多家裡會聘請月嫂照顧新生兒的吃、喝、拉、撒、睡，或者有些產婦生產後直接住進了月子中心。月子中心的護理人員或月嫂受過相應的訓練，也熟悉孩子常見的健康問題，固然有利於新生兒和產婦的生活護理及康復，但是也有許多不足之處。孩子出生後，應該跟母親進行親密接觸，如果孩子出生後完全由月嫂照顧，和母親的接觸就少了許多，這對孩子未來的健康以及情感的培養都是不利的。新生兒雖然長時間處於睡眠狀態，但

實際上透過哺乳、與母親的肌膚接觸，都能在潛移默化中受到母親的影響，有助於孩子未來健康成長。現在一部分年輕父母在生孩子的時候剖腹產，麻醉後睡一覺當媽媽了，生後又由月嫂護理和養育，自己卻很少接觸孩子，尤其是母乳不足的產婦，連餵奶的機會都很少，這樣一來孩子出生後整個新生兒期，甚至前幾個月都是由月嫂、保母或其他家庭成員在照顧，大大減少了和母親的接觸，這樣非常不利於孩子的身心健康。

特別提醒：剛出生的孩子盡可能多和母親接觸，越早越好，越多越好！保母和家庭其他成員可以做些輔助工作，包括爺爺、奶奶、阿公、阿嬤也不是孩子的主要照顧者。和孩子親密接觸的工作應該盡可能由母親和父親來做，這樣非常有利於培養孩子和父母的情感，對孩子以後特別是心理健康有非常正面的影響。總之，剛出生的孩子父母帶最好！

3. 迎接第二胎的時間

因個體差異，哺乳期產婦懷孕的機率也是很高的，而且在哺乳期月經再次來潮的時間很難確定。因此在哺乳期，夫妻性生活要充分考慮到懷孕的可能性，如果在這個時期懷孕而不得已人工流產，會進一步傷害尚未完全康復的產婦身體，令產婦氣血更加虧虛，進而會影響以後懷孕機率和第二胎的健康。所以，通常想要第二胎的父母可以在第一胎出生

孩子成長的第一關：選擇合適的種子，做好準備工作

後2～4年考慮，經過2～4年的康復，女性身體會得到充分的恢復，孩子也大一些了。如果說這個時期，媽媽因養育孩子特別勞累，或身體仍然虛弱，那也可以再延後一段時間。什麼時候受孕？在身體狀態良好的情況下，任何時間受孕都可以，但最佳的時間還是以春天受孕最為合理。

保母育兒建議

　　孩子出生的時候各個功能發展是個從無到有的過程，初期接觸的東西，影響著孩子日後的成長，因此孩子由父母養育更為合理，但是因夫妻雙方工作的限制，所以多數孩子都是請保母照料。因為保母個人教育程度、習慣及責任感參差不齊，所以請保母照料對孩子健康成長來說並不是最佳選擇。保母更多注重的是孩子的生活照護，而對孩子的心理成長幫助很少。大家都知道，父母是孩子的第一任老師，父母應盡可能與孩子交流和陪伴，使孩子受到父母的影響更多。保母帶小孩時要注意以下幾點：

　　(1)多唱兒歌、講故事給孩子聽：刺激孩子的聽覺，引導孩子的語言能力發展。

　　(2)生活上要訓練和養成良好的習慣：什麼可以教孩子，什麼是不應該教的，及時告知保母。

　　(3)盡量避免在孩子身邊說不適當的言詞：比如有些保母在打電話、與其他人聊天時不太注意，會使用一些粗魯、不適當的言詞，孩子在旁邊，會潛移默化地學習和模仿。

語言發展遲緩？如何幫助孩子順利開口

有些孩子語言發展比同齡的孩子稍慢一些，或者是某些詞彙表達得不太準確，這和個體差異有關。如果智力是正常的，那麼像這種語言發展稍微遲緩的情況，家長不必著急，隨著年齡漸長，孩子會自然而然地改變。同時要注意以下幾點：

- 語言發展稍慢一點，家長要不急不躁，不要過於刻意糾正，更不能責怪。如果常說「小笨蛋」等類似的話，會造成孩子較大的心理壓力，反而語言發展得更慢，甚至孩子從此不敢說話了。
- 多讀書、講故事、唱兒歌給孩子聽。讓孩子看些卡通、兒童節目，透過聽、看訓練孩子的語言學習能力。孩子說對了要及時給予鼓勵和獎勵。
- 訓練時不要過分強調，或者是針對性地訓練孩子某些詞彙，要在生活中自然完成，在生活中學習、訓練。

語言啟蒙的最佳時機與方法

　　從小訓練孩子學習多種語言，尤其是外語或者方言，這是對的，孩子多掌握幾種語言，有利於智力發展、提升學習能力，以及日後生活、學習、工作的方便，但是要避免急於求成。同時要注意以下幾個問題：

- 在孩子語言發展成熟之前還是先以母語教學為主，比如說華語，父母及家庭成員如果不會華語，那就先學當地方言也可以，等孩子上了幼兒園和小學後再學習華語也沒什麼問題。
- 有條件學習外語的，要在母語表達能力成熟以後再開始，不要在母語還沒學會時就教其他語種，使孩子無所適從，或在交流時應用不當，最後反而令孩子不敢說話。通常在孩子三、四歲以後，可以開始學習另一種語言，要一項一項地學，熟練了之後再學第二種，避免讓孩子同時學多種語言。
- 在訓練外語時，應從生活中學習、表達，先學會說，再學會認，最後再學會寫。不要過於強調語言的專業訓練，早早就教孩子學語法，早早就學外語的典故、詩

歌，其實是沒有必要的，畢竟多數孩子學習外語是為了日後工作和生活，而不是要從事專業語言工作。所以要在生活中學習，側重訓練在生活中應用語言的能力。

孩子成長的第二關：
打理好每一片土地，
照顧好每一個細節

孩子成長的第二關:打理好每一片土地,照顧好每一個細節

　　孩子成長的第一個關卡順利渡過,也就是選好種、育好苗了。之後呢?孩子進入了一個快速的成長階段,就像種莊稼一樣,莊稼該長的季節要做好田間管理,這個田間管理就是莊稼生長的三大要素:水、肥、土。水、肥大家都很容易理解,科學灌水和科學追肥莊稼才能長好,而灌水、追肥的時機不對、種類不對都會影響莊稼的生長,導致收成不佳。土就是提升土壤的保水保肥能力,這樣莊稼才能良好生長。對孩子來說,成長的三大要素就是吃、睡、玩,也就是要吃好、睡好、玩好!

　　簡單來講,涉及孩子未來健康成長的三大要素是:吃、睡、玩!好好跨過這個關卡,孩子才會健康成長!如果我們想要收穫肥碩的「莊稼果實」,就要做好莊稼的田間管理,等同於妥善應對孩子的吃、睡、玩!這是孩子健康成長的第二個關卡!

營養均衡，奠定成長基礎

吃好，是孩子健康成長的基礎，尤其是孩子 1 歲以後這段時間。孩子不同於大人，大人吃東西是為了維持身體功能的運轉和代謝，補充生活工作中的能量消耗，小孩子除了這些目的外，還有身體成長由小到大變化的需求。所以，「吃」對於孩子來講更為迫切，也更顯重要！那麼，這就引出了兩個問題，讓孩子吃什麼？該怎麼吃？

1. 吃什麼

孩子該吃什麼，是家長最關心的問題。有許多的書籍、文章、講座都在大談特談孩子該吃什麼，各執一詞，令家長們無所適從，也有些家長依據書上的介紹來餵養孩子，總不得「要領」。對於孩子吃什麼，其實既複雜又簡單，簡單一句話：什麼都吃一點！就是讓孩子吃得廣、不偏食、吃什麼都不要過量，這就需要孩子養成各種食物都能吃、不挑食的習慣，包括那些用於調味的蔥、薑、蒜等。

2. 不吃什麼

　　什麼都吃一點，仍然是要有主有次的。比如有人以麵食為主，有人以米為主，還有其他地區有不同的飲食習慣。總之，孩子仍然以小麥、稻米、玉米、小米等為主食。有些孩子喜歡吃蔬菜、水果，但不能將其當成主食，蔬菜、水果仍然作為輔助，肉、蛋、奶也不是主食，吃東西要有主有次。「吃一點」就容易理解了，就是不過度！無論這種食物多好、多有營養都要適度，不能單一或持續吃。這裡有幾個問題要小心避免，就是下面要談的七個「過」！

　　(1) 過好：簡單來講，不要過度「膏粱厚味」，不要過度攝取高蛋白質、高油脂食物，如魚、蝦、肉類。肉類不能成為孩子飲食的主角，雖然身體成長發育需要補充動物性蛋白質和脂肪，但它是輔助性的，不能作為主食。過量的油煎食品也屬於「過好」的範圍。

　　(2) 過甜：吃太多糖和甜食，如巧克力，或者吃飯、喝水時加糖，各種甜品、甜食都不利於健康。一是過甜的味道會刺激孩子的味覺，養成孩子不甜不吃的壞習慣；二是影響孩子的食慾，吃過多甜食會讓人很快有飽足感，影響孩子主食的攝取量；三是過度攝取甜食會導致營養素單一；四是過多甜食會產生緩滯脾胃的作用，從而影響孩子的消化吸收；五

是過多甜食會影響孩子的正常成長，可能導致肥胖，甚至增加成年後罹患糖尿病的機率。

（3）過雜：基於什麼都吃一點的觀點，有些家長讓孩子吃得特別雜亂，孩子一整天嘴沒停過，雜七雜八地亂吃，大人覺得吃到肚裡都是本錢，其實吃得過雜會影響腸胃功能，繼而影響孩子的健康。所以說，一方面食物應多樣化，有利於營養均衡，避免偏差對健康產生影響；另一方面，攝取過雜的食物，孩子出現不良反應的機率也會增加，不確定性因素也會增多。

（4）過偏：過偏指吃的東西過於單一，比如有的孩子只喜歡喝牛奶，或者喜歡吃肉或海鮮，當然也包括吃過多水果、蔬菜。嬰幼兒長時間吃水解奶粉，也屬於飲食過偏的情況。過偏不利於孩子攝取均衡營養。

（5）過細：過細是指食物過於精細。有的孩子1歲多了，還以牛奶為主食，餐點總是做得過於稀爛，比如說把水果打成汁或漿，把食材用料理機打碎，這些都易造成孩子膳食纖維攝取不足，而導致便祕。通常孩子長牙以後就要逐漸鍛鍊其咀嚼食物的能力，應依據年齡大小遵循由細到粗的原則添加粗糧，不要過細。這樣做有以下益處：一是鍛鍊孩子的咀嚼能力；二是利於促進孩子的腸道蠕動；三是有助於刺激孩子分泌消化液。

(6) 過酸：是指孩子攝取的酸性食物過多。含酸味的食物，比如說優酪乳、酸味的水果，也包括醋和酸性蔬菜。過酸的食物會加重孩子的內熱。孩子體內大多時候屬於弱酸性的環境，因為孩子代謝旺盛，體內產生的酸性「垃圾」比較多，這些「垃圾」累積並排泄不足，進而影響健康，甚至導致疾病。尤其是經常咳嗽、感冒、扁桃腺發炎的孩子，應注意飲食是否過酸。

　　(7) 過涼：一是孩子吃的食物過涼，比如說經常吃冷飯、冷飲、冰淇淋，或者總喜歡吃溫涼的飯，飯稍微熱一點，孩子就不吃；二是經常讓孩子吃一些清熱瀉火的藥物，這些藥物大多味苦且性寒涼，經常吃會傷及孩子的腸胃，比如板藍根、夏桑菊等，這些非處方藥品很容易買到，孩子一有內熱，家長就買來讓孩子吃，內熱雖然能減輕一些，但是長久下來便會傷及脾胃；三是腹部著涼，就是肚子不暖和，特別是冬季孩子穿的衣服不貼身，肚子經常著涼，或者夏天吹冷氣吹到了肚子。

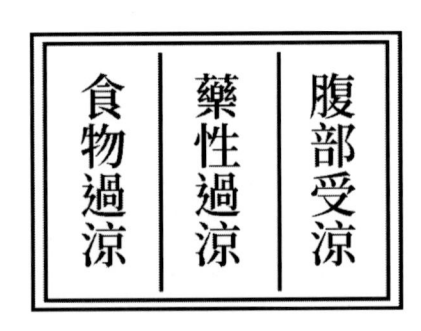

食物過涼	藥性過涼	腹部受涼

3. 怎麼吃飯

當然還有許多各式各樣吃飯偏食、挑食的現象，如何改變孩子這些不良的飲食習慣呢？這就要從小訓練孩子良好的飲食習慣，什麼都吃一點，應遵照循序漸進、由少到多、由細到粗的原則，為孩子以後養成大眾化口味打下基礎，便於以後的生活與學習。

- 營養均衡，孩子成長發育需要全面均衡的營養。
- 飲食中要包含四氣五味、不偏不過，讓孩子養成什麼口味都吃的習慣。飲食不均衡會影響孩子各項功能的發育，比如有些孩子吃某種食物過敏或者不吃某種調味料，這些現象可能與最初的飲食偏好有關。
- 訓練孩子適應多種口味，比如有特別氣味的蔬菜，像香菜、茼蒿、芹菜等，這些都可以讓孩子嘗試吃一點，有助於以後孩子的生活。
- 吃天然的食物，盡可能避免食品添加劑的不良影響，比如說在牛奶中添加一些非天然的東西，如果孩子總是喝這種牛奶就會影響身體健康。
- 食物不宜過於細碎，孩子長大可以適當吃一些稍硬、比較粗糙的食物，鍛鍊孩子的咀嚼能力和腸胃功能，形成強健體魄。

4. 怎麼吃水果

對於大一點的孩子，已經開始普通飲食了，水果也開始吃得比較多，但要注意以下幾個問題：

- 水果不能作為主食，吃多了會過度刺激孩子腸胃，反而影響主食的消化和吸收，會造成孩子吃得多、拉得多，總是不長「胖」。
- 飯後吃水果比較好，筆者認為應該吃完飯後接著就吃水果，而不是飯前吃，或者是飯後隔一段時間再吃。飯後馬上吃水果有三個好處：一是清潔口腔；二是刺激腸道的蠕動；三是水果和食物混合後，有利於食物中營養成分的消化吸收。所以，飯後即吃水果是正確吃水果的時間！
- 什麼水果都應該吃一點，不要單一。總是吃某一種水果並不好，水果也應該多樣化。
- 應盡量讓孩子多吃時令水果，非季節性的水果要適量。
- 應該讓孩子多吃其長期生活地區出產的水果，而跨地區的水果要適量。
- 吃水果時不要吃水果泥、水果汁，要讓孩子自己咀嚼，鍛鍊咀嚼能力。當然，小孩子牙齒還沒有發育前，可以做成果汁或果泥。
- 不要飯前或者兩餐之間吃水果，更不宜作為加餐吃。

- 水果吃常溫下的水果，只要不是特別涼或剛從冰箱裡拿出來就行，也沒有必要過度加熱，有些家長把水果燙一燙或煮一煮，其實沒有必要。
- 寒性、熱性的水果都應該吃，也就是說什麼水果都吃一點。除非有醫生的囑咐，如果孩子是偏頗體質，或者患有某種疾病，或者某種過敏體質，吃什麼水果應聽從醫囑。

總之，不偏食、吃得廣，五味不過度，水果餐後吃！

5. 不吃怎麼辦

如果孩子什麼都不吃呢？就是不好好吃飯怎麼辦？孩子不好好吃飯有這幾種情況：

- 孩子不愛吃飯，對吃飯不感興趣。
- 吃飯太慢，吃一頓飯要很長時間。
- 吃飯必須餵，必須邊講故事邊吃，邊看電視邊吃，邊玩邊吃。
- 常常不吃這個，又不吃那個，喜歡吃的東西總是很少。
- 喜歡吃的食物吃很多，不喜歡吃的一點都不吃。
- 到吃飯的時候不願意吃，剛吃完飯不久就喊餓，找零食吃。

孩子成長的第二關：打理好每一片土地，照顧好每一個細節

「飢不擇食」這個成語大家都知道吧，就是指採取飢餓方法訓練孩子好好吃飯，孩子出現上面那些不好好吃飯的現象，大都是因為從小養成的不良飲食習慣，主要和家長有關！想要改變孩子以往不良的飲食習慣，我們應該做到吃飯三要求：

定時吃飯	吃飯定時	餐前備時

（1）定時吃飯：定時吃飯就是完整吃一頓飯、按時吃飯。孩子一般建議一日3～4餐，如果是母乳餵養，或者是以牛奶為主的，也盡量整頓吃。總之，年齡越大，孩子吃飯的次數應該越少。不定時吃飯現象主要有：①隨餓隨吃。這種餵養方法使腸胃的休息與工作沒有規律，久而久之就會影響腸胃的功能。②少餐多次。孩子最好還是一日3～4餐。俗話說「胃口是吃出來的」，吃飯習慣不好的孩子胃口往往比較小，胃口總是不好。所以整體上應該讓孩子吃飽！比如胃口不好的孩子就算餓幾次，吃的也僅僅比平時稍微多一點，但也多不了很多，因為平時胃口就不好。一般來講，孩子的早餐時間在早上7點左右，午餐時間在中午11點半至12點半，

晚餐時間大致在晚上6點左右，要養成按時吃飯的好習慣。

(2)吃飯定時：吃飯定時，是指每次用餐時間要有限制，不能一頓飯吃很久。有些孩子一頓飯吃很久，甚至中間還要再加熱，更誇張的是從早飯幾乎吃到了午飯，大人端著碗追著餵孩子，這種習慣非常不好。還有一種情況是吃飯很慢，吃一口飯在嘴裡面轉半天嚥不下。再者就是吃飯時吃吃停停，不餵不吃。其實，我們發現進食量多的孩子總是吃得比較快，吃得慢的大多進食量比較少。通常吃一頓飯的時間大約是30分鐘，不要超過這個時間，我們提倡的做法是：時間到就結束，超過便收碗！慢慢訓練孩子把吃飯控制在30分鐘以內完成。但是也不能太快，咀嚼不夠充分會影響到食物的消化。

(3)餐前備時：餐前備時，是指吃飯前要讓孩子的腸胃有準備的時間，這裡主要指早晨起床不要讓孩子馬上吃飯，要間隔一定的時間，讓腸胃有所準備。就像我們汽車的引擎一樣，還沒有預熱好就啟動，對「引擎」不好。小孩子吃飯也是這樣，匆匆忙忙吃進去了也不容易消化。我們經常見到一些家長：早上為了讓孩子多睡一下，做好飯放涼，把孩子叫起來，匆匆洗把臉就讓孩子坐到飯桌前，這個時候孩子還沒有完全清醒，又趕著上學或去幼兒園，大人不停地催促快吃，甚至責罵，孩子一點食慾也沒有，吃不下或者吃得少，

有時候吃太快又容易吐。另外一種情況是不要讓孩子在劇烈運動後馬上用餐，也要有一段等待時間。比如說孩子在庭院裡玩得滿頭大汗，家長做好飯把孩子叫回來，立刻就坐到飯桌前，這和早上急著吃早餐有些類似，只是原理正好相反，「引擎」還處於高速運轉狀態，腸胃還沒有完全做好消化食物的準備，這時候填鴨式吃飯，同樣容易導致不消化。建議孩子活動後，讓他平靜一點再吃飯。還有一種情況，餐後馬上睡覺，有些孩子有睡前吃東西的習慣，吃了許多食物後馬上睡覺，容易消化不良。腸胃就像我們人一樣，有工作也要有休息，該工作時工作，該休息時休息，睡前吃東西就會導致人睡了，而胃還要工作，久而久之造成腸胃功能紊亂。習慣按時吃飯，讓腸胃形成一種生物制約反應。就像我們大人，因為長期規律的飲食習慣，你會發現在 11 點的時候還不怎麼餓，1 小時後馬上就覺得餓了。這就是長期在 12 點左右進食形成的「腸胃生理時鐘」。我們也要讓孩子養成這種良好的腸胃生理時鐘。

6. 吃飯時常見的問題

- 有些孩子喜歡吃乾飯，不喜歡喝湯，不喜歡喝粥，比如總是吃乾的米飯、饅頭。
- 一些孩子只吃湯飯，不吃菜。

- 更多的孩子喜歡吃葷菜，不喜歡吃素菜，總是吃魚、蝦、肉，不怎麼吃青菜，或者只吃少數幾種蔬菜。
- 有的孩子吃蔬菜只喜歡吃馬鈴薯、花椰菜，或者是肉類只吃魚肉。
- 有的孩子只喜歡喝牛奶，不怎麼喜歡吃飯。

7. 吃飯的環境要求

| 自主用餐 | 安靜吃飯 | 愉悅用餐 |

（1）自主用餐：建議孩子在 2 歲以後就要學會獨立吃飯。在這之前我們要多訓練，讓孩子逐步掌握各種餐具的使用方法，不要總是由大人餵，雖然孩子一開始很容易把飯灑出來或弄到身上，只要多練習就會熟能生巧了，要多示範，教孩子學會吃不同形式的食物。比如說教孩子怎麼喝湯、怎麼吃魚、怎麼吃包子、怎麼吃水餃等，慢慢地孩子自己就會熟練地吃飯了，孩子是非常願意學習的。

（2）安靜吃飯：就是讓孩子在吃飯時候不講話、不聽故事、不看電視、不玩玩具，專心吃飯。特別要注意的是：邊吃飯邊說話很容易將飯嗆入氣管引起意外！

孩子成長的第二關：打理好每一片土地，照顧好每一個細節

（3）愉悅用餐：就是讓孩子處於愉悅高興的狀態下吃飯。吃飯是件高興的事，在吃飯的時候不要逼著孩子吃，更不能責罵、體罰孩子，否則，久而久之孩子就覺得吃飯不是件高興的事，對吃飯產生恐懼心理，進而厭食。

> **舉例**　有位家長，第一次看中醫，我問孩子能吃中藥嗎？媽媽說我們孩子吃藥比吃飯容易多了，那這是為什麼呢？難道藥比飯好吃嗎？顯然不是！因為孩子每次吃飯的時候經常被逼、被責罵，孩子覺得吃飯是個不開心的事，而吃藥總是得到鼓勵、得到獎勵，所以就認為吃藥比吃飯心情愉悅。這就是需要使孩子愉悅用餐的道理！

如果在吃飯的時候常常責怪甚至打罵孩子，孩子吃一頓飯，鬥智鬥勇，跟打仗似的，感覺吃頓飯很費力。家長總這樣講：吃個飯怎麼這麼慢！這個必須吃完！不能剩下！不餓也得吃！對孩子來說，吃飯成了一件不高興的事情，輕則挨罵，重則挨揍，久而久之，孩子對吃飯產生了厭惡懼怕！藥雖苦，沒有責罵，更沒有體罰。在這裡向家長講述一個道理，每個孩子都喜歡去動物園，假如我們每週都帶著孩子到動物園，想玩什麼、想吃什麼都可以，完全滿足孩子的要求，但是玩完了，出了動物園的門，你把孩子打一頓，第二週還這樣重複，那麼第三週你再提去動物園，孩子肯定就會著急害怕。吃飯亦是如此，不要讓孩子覺得吃飯是件很難受的事，或很不高興的事，要讓孩子有個愉悅的吃飯環境。

兒童厭食在現代醫學通常在兒童心理門診就診，就是認為兒童厭食是心理因素造成的。甚至許多異食症、疳證也是由於長期用餐環境不愉快所造成的。中醫用「食後擊鼓」的方法治療兒童厭食，就是指讓孩子吃飯時有個輕鬆愉悅的環境，讓孩子在開心的情緒下吃飯。

8. 教會孩子自己吃飯

- 2歲前讓孩子認得、把玩常用的餐具，並逐漸學會獨立使用。
- 多示範餐具的使用方式以及吃飯的動作給孩子看，反覆練習。
- 孩子把飯灑出去，不要責罵，要正確引導，交代其下次要注意。
- 訓練孩子吃飯選用不同的餐具，比如讓孩子喝湯選用湯匙，夾菜選用筷子，不能把筷子長時間放在嘴裡。
- 教孩子學會小心吃較燙的食物，比如水餃、湯圓等。
- 訓練孩子如何將盤子裡的菜夾到自己的碗裡，不浪費食物。

總之，2歲後的孩子應學會獨立吃飯。這裡還要強調以下幾點：一是訓練孩子適應多種食物的口味，包括蔥、薑、蒜等；二是訓練孩子飲食衛生的習慣；三是教大孩子認得食

物、食材，教上小學的孩子學會做幾樣簡單的料理。有一次筆者在講課，許多聽課家長的孩子都已經上小學或國中，當問到如果你生病了，想吃藥，沒有開水，有誰的孩子會燒開水？又有哪個家長敢讓自己的孩子去燒開水？結果沒有人舉手！培養孩子生活適應能力，訓練大孩子學會幾道簡單的飯菜是有益孩子整體健康的。我曾看過一則笑話，一個女生已經結婚嫁人了，突然有一天想煮飯，打電話給她媽媽問番茄炒雞蛋怎麼做，媽媽說三個雞蛋、四個番茄，馬上鏡頭一轉就看到女生在鍋裡放了沒打破的雞蛋和整個番茄在翻炒。雖然是笑話，但展現出了許多孩子從小缺乏相關的訓練。

9. 吃飯時的注意點

- 提升孩子在外用餐的安全意識，讓孩子感知腐敗食物的氣味，避免在飢餓情況下吃到不新鮮的食物。孩子逐漸長大後在外面吃飯的機會就增加了，應該讓孩子知道哪些是腐敗食物，腐敗食物是不可以吃的。
- 提醒孩子吃哪些食物要有節制，比如說涼食、過鹹的食物等，要葷素搭配，吃飯時候要先吃熱食後吃涼食。
- 要充分咀嚼食物，避免「囫圇吞棗」，否則不利於消化。
- 從小訓練孩子吃不同的食物，讓孩子學會剔出骨頭、魚刺，避免卡到喉嚨。

- 吃水果時注意果核不能吃到肚子裡等。
- 訓練孩子如何避免呼吸道堵塞，比如說話、哭鬧時候不要吃飯，吃棗子、櫻桃、堅果等食物時要注意安全問題，避免吸入呼吸道。
- 訓練孩子學會吃不同類型的餐食，比如西餐、中餐等。

10. 用餐禮儀

為了孩子在外用餐或參加家庭以外的餐會，我們應該教會孩子一些相關用餐禮儀。學習和訓練用餐禮儀對孩子的成長，特別是對心理健康是有益的。

- 定時吃飯也是禮儀之一，從小培養孩子按時吃飯的習慣，不到時間不吃東西，在外用餐要遵從長輩的用餐時間。
- 很多人一起吃飯的時候，要大人同意後才可以開始吃。不要讓孩子養成坐到飯桌旁連看都不看，伸手就抓的習慣。
- 吃飯時不要讓孩子大聲喧譁吵鬧，或者是吃飯時聲音特別大。
- 教育孩子不要挑菜，不要總是找自己喜歡的菜吃，不能把喜歡吃的東西總是放在自己面前。
- 養成孩子遇到長輩要禮讓的習慣，新上的菜要先禮讓長輩，通常爸爸媽媽要做好示範。

- 學會節儉，不浪費食物。有些孩子夾了菜吃一口就放下了，或者剩下很多食物，尤其是在吃自助餐的時候要特別注意。
- 避免孩子養成用餐時邊玩邊吃的習慣。
- 養成使用公筷的習慣。
- 孩子吃完以後不要在餐廳裡亂跑打鬧，以免影響他人用餐。

11. 食品安全

吃各式各樣的食品是孩子成長過程中很重要的事項，所以，不僅吃好、吃對十分重要，吃得安全更重要。

(1) 吃東西要適量：有的孩子腸胃功能不好，有的孩子腸胃功能好，有的吃肉沒事，有的則不易消化或食積，這點因人而異。總之，留得三分餓就會少生病。

(2) 教會孩子剩菜剩飯的安全問題：剩菜剩飯在什麼情況下可以吃，什麼情況下不可以吃，哪些剩飯要充分加熱才能吃，這些常識要記得在平時教導孩子。

(3) 教會孩子認得一些腐敗不能吃的食物：如果遇到變餿的食品，可以讓孩子聞一聞，甚至嚐一嚐，讓其辨識這種變質食物是不能吃的。同時要讓孩子了解哪些食物容易腐敗，比如乳製品、羊肉、魚肉等。有的孩子吃了不乾淨的東西導

致腹瀉，追問家長，家長不知道怎麼回事，後來才知道是因為孩子喜歡吃某種食物，偷偷存放起來，食物已經腐敗了孩子也不知道，食用後導致生病。

(4)吃新鮮的水果和蔬菜：教孩子學會辨識哪些水果是完全成熟的。不知名的野生水果、野菜、蘑菇等要讓孩子學會辨識，知道哪些可以吃，哪些不可以吃。帶孩子在野外活動的時候，就應教孩子一些相關常識。

(5)吃飯時避免燙傷是最應該教會孩子的事項：在意外傷害中燙傷發生的機率很高。特別是在孩子肚子餓的時候，因為急著吃飯，就很容易發生燙傷意外。家長可以拉著孩子的手輕輕觸摸較熱的飯碗，讓他感受一下，教會他如何用小湯匙試嚐熱湯。總之，平時教孩子感受燙的感覺，可在一定程度上避免孩子燙傷。

12. 食積的幾個訊號

孩子吃東西不知道節制，愛吃的吃很多，這樣容易產生食積，食積了就容易生病，這就需要我們家長應該知道孩子什麼樣情況下是食積了。

(1)食慾下降：就是進食量比平時少了很多。孩子的胃口平時變化不會太大，一般不需要處理。但如果孩子突然食慾明顯下降，那就表示食積了。要避免孩子食積就應該注意5

個「越」：食積後胃口不好，孩子會更願意吃些香的、口味重的食物，這時就要反其道而行，越要清淡飲食，越要少量飲食，越不要強迫吃，越不要變花樣吃，越不要重口味，讓腸胃有休息和自我恢復的時間。現實生活中，不少家長總是在孩子胃口不好的時候，想方設法地變花樣讓孩子吃，如此，食積恢復更慢，甚至加重。

（2）口氣酸臭：早上起床時特別明顯，嚴重時可能整天口氣都很重。由於口臭不是源於口腔，因此透過刷牙很難減輕。這種口氣其實是源自於孩子的腸胃，表示孩子食積了！提醒家長們：早上起床，幫孩子穿衣服的時候湊到嘴邊聞一聞，感覺一下口氣是不是特別重，若是則孩子可能食積了，當天的飲食就要特別注意。

（3）腹部不適：孩子時不時吵著說肚子不太舒服；如果是肚子痛、噁心，有些嚴重的還會嘔吐、腹瀉，這都表明孩子食積了。

（4）磨牙：睡覺的時候更明顯。偶爾磨牙我們不視為異常，但如果孩子平時不太會磨牙，這幾天磨牙現象特別明顯，表示可能食積了；如果晚上睡不安穩，或者睡覺易驚、易哭鬧，也都表示孩子可能食積了。

（5）情緒不好：若是孩子這幾天特別愛哭鬧、顯得煩躁，或者情緒低落，表示腸胃出了問題。食積可能會導致孩子情緒失常。

(6)舌苔異常：經常看看孩子的舌苔是不是又白、又厚、又膩，若是，表示可能食積了。舌苔白、厚、膩越明顯，表示食積越重，此時若不加以調理和控制飲食，孩子很容易生病。舌苔異常大多是孩子生病前期的重要訊號。

(7)明顯的腹脹：時常拍拍孩子的肚子確認是否有脹氣，若聽到孩子的肚子像拍鼓一樣的聲音，這就是腹脹，表示孩子食積了。腹脹也是孩子生病前期的重要訊號。

13. 食積能引起的疾病

家長們都知道，食積是孩子經常發生的現象，可以認為是吃多或者消化不良了，孩子跟大人不一樣，飲食上無法自我節制，而且孩子喜歡吃零食，對飲食不當所造成的問題沒有辨識能力，所以孩子食積是常常發生的事情。我們知道，食積可以引起很多疾病，也就是說，很多疾病往往是因為食積導致或者由食積誘發的。我們有必要了解食積會引起哪些疾病，以便提早預防。

- 食積可能引起發燒，中醫叫傷食發熱（食熱證）。
- 食積容易引起感冒，中醫叫感冒夾滯。
- 食積可能引起咳嗽，或者加重咳嗽，中醫叫食咳。
- 食積可能誘發哮喘，也可能使哮喘加重。
- 食積可能引起腹痛、腹瀉、嘔吐。

- 食積可能引起或加重溼疹、蕁麻疹。
- 嚴重的食積可能引起小兒厥證,這就是我們常說的小兒厥證中的食厥,也可能誘發癲癇。
- 長期食積可能引起疳證、厭食、異食症。
- 長期食積可能引起抽動症狀、過動症。
- 長期食積可能影響孩子的成長,使身高和體重低於標準。
- 長期食積可能引發皮膚粗糙、搔癢,指(趾)甲上長白斑、白點。
- 長期食積可能引發視力異常,也就是說有些孩子眼睛不好可能是因為長時間食積造成的。
- 長期食積的孩子更容易哭鬧、發脾氣。

培養良好睡眠習慣，助力發育

前面的內容我們已經講到了孩子出生後到嬰兒期的睡眠需求，「睡好」是孩子健康的重要因素。同時，「睡好」也是過好第二個關卡的重要影響因素。「睡好」更強調「育好苗」之後，稍微大一點孩子的睡眠，是這個時期「田間管理」的三大要素之一。

1. 睡好的重要性

我們都知道睡眠是孩子的一種本能，是必要的。好的睡眠對孩子健康有以下好處：

- 睡眠有儲備和補充身體能量的作用。
- 睡眠有保持和增強人體免疫功能的作用。
- 睡眠有促進孩子成長和發育的作用。
- 睡眠有促進孩子心理健康發育的作用。
- 睡眠具有保護大腦功能的作用，人們大腦的注意力、情緒思維能力、判斷能力、反應能力都和睡眠有關。
- 睡眠能延緩衰老，有益長壽。
- 睡眠與皮膚、頭髮的潤澤有關。

2. 睡好的標準

既然睡眠這麼重要,那麼怎麼樣才算是好的睡眠?這涉及三個方面的因素:睡眠時間、睡眠品質、睡眠規律。

(1)睡眠時間:指每天睡多長時間。不同孩子睡眠的時間是不同的,但是大致上,年齡越小,睡眠時間越長,通常新生兒每天睡 18～20 小時,2 歲以前 11～15 小時,2 歲以後 10～13 小時。那麼您的孩子到底睡多久合適呢?這裡有個基本的判斷標準:一是孩子的睡眠跟平時的時間差異不大,不能有太大的波動,波動大就表示有問題;二是孩子睡醒以後不哭鬧,精力旺盛;三是孩子的飲食良好,是否有好好吃飯可以間接反映孩子睡眠的好壞。但孩子睡得過多也不好。

- 嗜睡,就是孩子睡太多,或者某個階段睡得多,或者睡眠長期都比同齡的孩子要多,這多見於肥胖的孩子,或者孩子生病了,例如感冒、發燒、脫水、腸胃不舒服等,這些疾病容易導致精神不振,總是想睡覺。
- 如果孩子有外傷史,隨後出現孩子總是想睡覺或者嗜睡,那就表示問題很嚴重,要及時請醫生診治。
- 如果夜裡睡覺睡得非常沉,不容易叫醒,多見於遺尿的孩子,或者是白天孩子過度興奮,玩遊戲、看電視、看電影的時間過長。
- 痰溼體質、陽虛體質的孩子向來睡眠偏多一些。

- 如果孩子偶爾睡得多不視為異常，比如過度勞累或者睡眠缺乏的補眠。

(2)睡眠品質：睡眠品質是指睡眠的深度，就是深度睡眠長，淺眠短。睡眠品質好是指同樣的睡眠時間，感覺休息得比較充分，徹底消除疲勞，精力恢復快。以下原因可能降低睡眠品質：

- 睡覺時做夢特別多、夢話多。
- 睡覺時容易醒，醒的次數也比較多。
- 睡得比較淺，稍有些動靜就容易醒，常常處於似睡非睡狀態。
- 入睡困難，躺下很長時間才能入睡。
- 睡醒後不易再入睡，而且醒後疲勞沒有消除。
- 夜眠不安，睡覺時翻來翻去，睡得特別不安穩。
- 睡覺的環境溫度過低或過高。
- 睡覺時皮膚搔癢，比如說蚊蟲叮咬。
- 睡覺時衣被過厚、過緊、粗糙。
- 睡眠環境噪音大、空氣渾濁、氧氣濃度低、負離子低、強光照射均會影響睡眠品質。
- 飢餓、口渴的狀態下睡眠品質不好。
- 精神壓力過大或睡前精神受到強烈刺激會影響睡眠品質。

(3)睡眠規律：睡眠要有規律，應符合人的生理時鐘，白話來說就是白天醒，晚上睡，該睡的時候睡，該醒的時候醒。小孩子白天會睡覺，年齡越小睡得越多，但是晚上仍然是主要的睡眠時間，換句話說，晚上睡長覺，白天睡短覺。2歲以後白天睡覺1次，偶爾可以2次，加起來不要超過2小時。白天的睡覺時間應該在中午1點以前，晚上9點左右睡覺，早上7點左右起床。睡眠沒有規律會影響孩子的健康，尤其是影響孩子的長高，所以不要讓孩子經常晚睡或跟著大人熬夜。

孩子睡眠規律不好的具體表現有以下幾種：

- 晚上睡得比較晚，通常在晚上10點以後，甚至更晚。
- 孩子早上起得太晚。
- 半夜醒後再入睡的時間長，有很多孩子半夜醒了還要玩一段時間。
- 白天睡的次數不規律，有時候睡1次，有時候睡2次，甚至睡3次。
- 白天睡的時間過長或者過短。
- 白天午覺睡得太晚，有時候睡到天快黑才醒。

3. 睡好的環境要求

孩子睡覺時應保持良好的周遭環境。保持良好的睡眠環境也是孩子睡好的重要基礎，為此，我們要注意以下幾個重點：

- 孩子睡眠的環境應保持空氣流通、溫溼度適宜、氧氣濃度高。通常孩子睡覺房間的溫度保持在 20°C 左右，空氣相對溼度保持在 40% 左右較適宜。
- 睡眠環境的光線不能過於強烈也不要過於昏暗。就像《老老恆言》書中所言：「就寢即滅燈，目不外眩，則神守其舍。」這講的就是睡覺時要關燈，不要有強烈光線，才能保持孩子身心健康。《雲笈七籤》中的「夜寢燃燈，令人心神不安」也是相同道理。
- 噪音。睡眠應保持安靜，噪音太強會影響孩子的睡眠品質。
- 孩子睡覺的臥室要向陽，光照充足，室內色彩不宜太豔，以柔和的粉色、淡綠色、淡黃色為宜。

4. 睡好的衣被要求

年齡越小，睡覺時蓋的被子就相對應該厚一點。如果孩子特別消瘦，或者是早產兒、低體重兒，被子要比正常的孩子更加保暖。被子厚度以手足溫溫的，背部又不潮溼為宜。被子要選用天然纖維、不褪色的。提醒家長們注意以下幾點：

- 如果被子過厚或過薄，非冷即熱，孩子冷的時候睡姿蜷曲（蜷縮），熱的時候容易踢被子。
- 被子厚度應使四肢、手腳不涼，但是腹部和背部要更暖和。

- 剛剛入睡的時候，被子可以稍微薄一點，到後半夜或凌晨的時候被子要稍厚一點。
- 睡覺時穿的衣服要少一些，穿得越厚反而越容易著涼。
- 睡覺時衣被不要過緊，偶爾踢被也沒什麼，讓孩子適應冷熱的變化。
- 隨著孩子年齡漸長，被子要相對變薄，逐步鍛鍊孩子的耐寒能力。
- 孩子睡覺時不宜穿襪子，更不宜戴帽子。

5. 睡好的枕頭要求

- 新生兒可以不用枕頭，但是床墊不宜過軟，避免影響孩子身體曲線的塑造。
- 孩子滿月以後建議使用枕頭。枕頭的高低根據孩子的胖瘦而定，相對胖的孩子枕頭稍高一些，瘦的孩子枕頭稍低一些，令孩子仰睡時呼吸聲均勻，保持頸部處於平伸狀態。
- 枕頭的軟硬以有輕微的枕凹為宜，仰睡時看看枕頭上是否有凹陷。枕凹太深會影響孩子的頭型發育，後腦勺會明顯突出，影響日後頭型的美觀。枕凹太淺表示枕頭太硬，會使孩子的頭型過於扁平，也會影響日後頭型的美觀。這個時候家長要多操心一點，注意保持孩子的頭

型。如果孩子經常側睡，可以用毛巾捲成一個毛巾捲，放在容易偏向的頭頸部一側。如果孩子的後腦勺比較大，改善的時候就應該讓枕頭稍微硬一點。如果頭型過於扁平，枕頭就要軟一些，慢慢地改善，而且頭型是年齡越小越容易改善。

6. 獨立睡眠的培養

- 孩子出生後就可以獨立睡眠了，最初可以用包巾包著放在大人睡的位置旁邊便於照顧，也可以將孩子放入大人床邊的嬰兒床中，盡量不要讓孩子和大人一起睡。
- 孩子慢慢長大以後應盡量獨立睡一張床，甚至一個房間。
- 2歲以後就可以培養孩子較為獨立的睡眠習慣了。
- 2歲以後要逐步訓練孩子自己脫衣、穿衣，自己整理寢具，為進入幼兒園做好生活能力方面的準備。
- 逐步訓練孩子睡醒以後，在大人不在身邊的情況下不哭不鬧，會主動呼叫大人。
- 逐漸培養孩子的睡眠適應能力。有些孩子僅習慣在家睡覺，一出門就容易睡不安穩，應該培養孩子在外面比如親戚家、飯店睡覺的適應能力，這樣外出旅遊時也能有良好的睡眠。

- 應培養孩子在睡覺時，感知並能表達熱、冷、睏、不舒服的能力。比如說孩子睏了，拉大人的手去床邊，做出睡覺的樣子等。
- 大孩子應訓練晚上獨立去廁所的膽量和能力。

7. 不宜馬上入睡的狀態

- 不宜讓孩子過度疲勞或者劇烈運動後馬上入睡。
- 不宜讓孩子蒙頭睡眠，正如《千金要方》所說：「冬夜勿覆其頭，得長壽。」就是指蒙頭睡覺會影響健康。
- 如果外出過夜盡量保持孩子平時習慣的睡眠規律，睡眠規律突然改變很容易生病，尤其帶孩子外出旅遊時要特別注意。
- 睡覺前不宜有過強的情緒刺激，比如說打罵孩子或者大人間的吵架，不宜看比較激烈的卡通、電視、電影。
- 睡覺前不宜吃東西，更不能吃得過飽。人睡了，腸胃還要繼續工作，久而久之腸胃功能就會紊亂，也會影響睡眠品質。正如《彭祖攝生養性論》：「飽食偃臥則氣傷。」《抱朴子・極言》：「飽食即臥，傷也。」就是指吃飽後馬上睡覺會影響腸胃消化功能。

8. 影響睡好的疾病

- ◆ 發燒、咳嗽、哮喘都會影響孩子睡好。
- ◆ 腹痛、腹瀉、便祕、頻尿會影響孩子睡好。
- ◆ 食積,吃過多肉類食物會影響孩子睡好。
- ◆ 某個部位的疼痛會影響孩子睡好。
- ◆ 溼疹、蕁麻疹等皮膚搔癢疾病會影響孩子睡好。
- ◆ 缺鈣會影響孩子睡好。

9. 睡眠中的非健康「訊號」

（1）夜汗：孩子剛入睡時,汗會稍微多些,這屬於正常現象,但如果過多了,那就是異常的。可能與食積、內熱或者衣被過厚有關。

（2）夜驚：孩子在睡覺的時候有顫慄或四肢抖動的現象,時不時地四肢抖動,或者驚叫、驚哭,這種情況偶爾發生不視為異常,如果過於頻繁,通常表示孩子健康出了問題,比如發燒、積滯、驚嚇、缺鈣。

（3）夜啼：指孩子晚上睡眠時經常哭鬧。孩子可能不舒服、食積、疼痛或搔癢,這都會引起晚上哭鬧。

（4）夜熱：就是孩子晚上發燒。發燒類疾病往往使孩子在晚上的體溫比白天更高。所以孩子生病了,晚上要特別留意

觀察體溫，有熱性痙攣史的孩子晚上發燒更應該注意。提醒：孩子在發燒的時候不要蓋太厚的被子。

（5）夜咳：指孩子夜晚咳嗽得較嚴重。白天偶爾咳幾聲沒關係，盡量讓孩子自行康復，不要過度地用藥物介入。但是，晚上咳嗽是需要治療的。

（6）夜喘：指孩子夜裡哮喘加重。毛細支氣管炎或者哮喘的病童晚上發生呼吸困難的可能性更大。晚上氣溫低，喘的次數比白天更多。

（7）夜眠不安：指孩子晚上睡覺睡得特別不安穩，翻來翻去。偶爾有這種現象不用治療，如果過於頻繁表示孩子腸胃功能可能出了問題，最常見的是孩子食積了。磨牙多發生在晚上睡覺的時候，也是食積的徵兆。

（8）睡姿：指孩子晚上睡覺的姿勢。常見的有俯臥，即孩子喜歡趴著睡。有時候孩子喜歡蜷曲身體睡覺，那可能是被子太薄，身體覺得冷。

（9）孩子從床上跌落：很多孩子都有睡覺從床上掉下來的經歷。許多家長很擔心孩子會摔出什麼內傷，要求做電腦斷層掃描（CT）檢查。從床上跌落是很多孩子常有的經歷，不需要過度擔心。孩子睡的床要盡量低一些，床下放個軟墊，即便孩子掉下來也比較柔軟。床旁邊不要放硬的玩具，以免

孩子掉到上面受傷。最好不要讓孩子睡有護欄的床，因為孩子習慣護欄，長大以後睡在沒有護欄的床上，反而更容易發生意外。

遊戲如何促進身心與智力發展

1. 玩好的重要性

　　玩是孩子童年最重要的經歷，也是孩子的天性，玩耍對孩子成長發育的影響非常重要，但是也容易被家長們忽略。通常家長們容易犯兩種錯：一是任其玩；二是限制玩。顯而易見二者都是不對的，那麼怎樣才算是玩好呢？這要先定義玩代表著什麼，玩有什麼作用，怎麼玩才好。

　　想給孩子一個智慧的童年，必須明白這三個問題。如何玩好，是基於孩子整體健康意義而言。玩好不但涉及孩子的身體健康，更涉及孩子的心理健康、道德健康、社會健康、智力健康！玩代表著孩子的運動，影響著孩子的心智發展，也是以後心理性格特徵形成的重要影響因素。

2. 玩好的作用

　　玩耍有健身、健心、健腦的作用，影響孩子行為習慣的養成。從玩耍中培養孩子的交友、學習、辨別危險的能力。玩，也會影響孩子的品德和素養。玩有四個方面的效果：

遊戲如何促進身心與智力發展

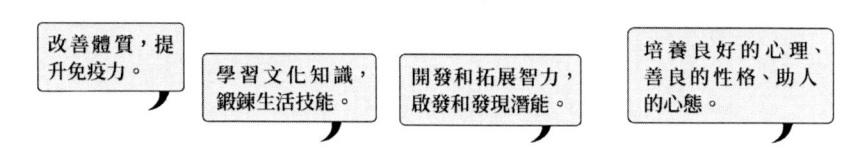

- 改善體質,提升免疫力。
- 學習文化知識,鍛鍊生活技能。
- 開發和拓展智力,啟發和發現潛能。
- 培養良好的心理、善良的性格、助人的心態。

總之,玩好可以概括為八個字:長體、學知、益智、健心!

依據整體健康概念,孩子許多非健康現象與童年時期的玩耍有關,比如:

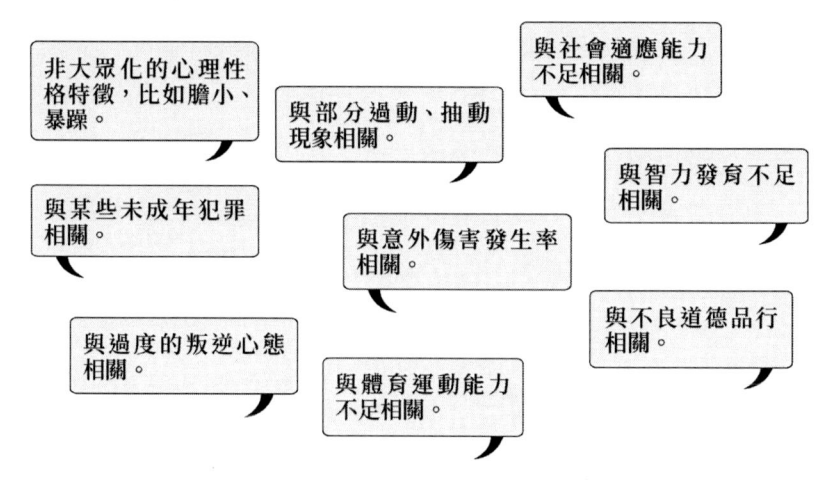

- 非大眾化的心理性格特徵,比如膽小、暴躁。
- 與部分過動、抽動現象相關。
- 與社會適應能力不足相關。
- 與某些未成年犯罪相關。
- 與意外傷害發生率相關。
- 與智力發育不足相關。
- 與過度的叛逆心態相關。
- 與體育運動能力不足相關。
- 與不良道德品行相關。

所以,玩耍對孩子整體身心都有著重要的影響,家長們應該多陪伴孩子,幫助孩子度過充滿智慧的童年。玩耍對孩子的成長如此重要,這是基於玩耍關乎到以下諸多方面的成長發育:

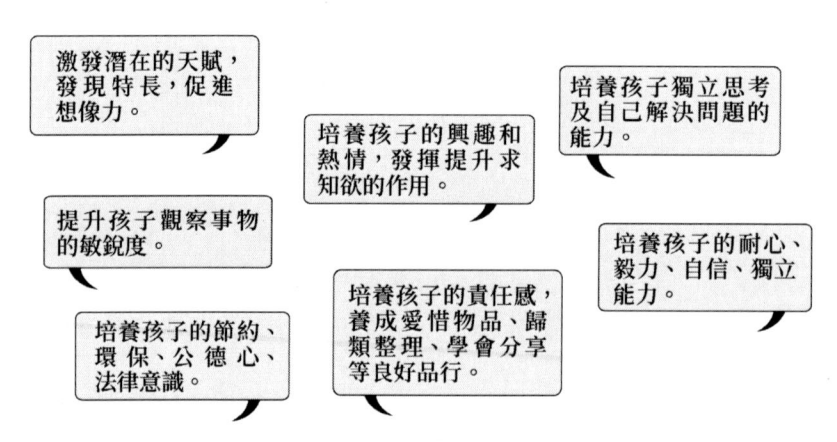

- 激發潛在的天賦，發現特長，促進想像力。
- 提升孩子觀察事物的敏銳度。
- 培養孩子的節約、環保、公德心、法律意識。
- 培養孩子的興趣和熱情，發揮提升求知欲的作用。
- 培養孩子的責任感，養成愛惜物品、歸類整理、學會分享等良好品行。
- 培養孩子獨立思考及自己解決問題的能力。
- 培養孩子的耐心、毅力、自信、獨立能力。

玩耍有這麼多作用，這就需要我們父母或監護人首先做出榜樣，大人的生活習慣、品行、語言、孝心、愛心、道德觀念、學習精神、文化素養和生活品味等方面都會潛移默化地影響孩子。大人對孩子的影響就像動物世界裡的老鳥與小鳥一樣，孩子在潛移默化中學習大人的行為習慣，下意識地感覺大人的心理和世界觀，而這些影響都伴隨在孩子童年的玩耍中。

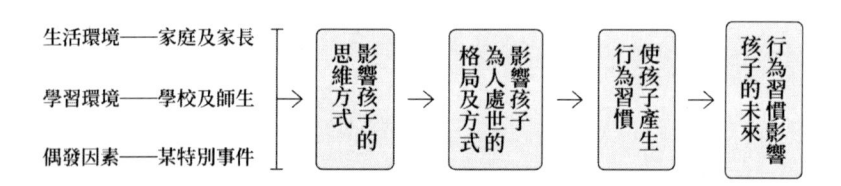

生活環境──家庭及家長
學習環境──學校及師生
偶發因素──某特別事件
→ 影響孩子的思維方式
→ 影響孩子為人處世的格局及方式
→ 使孩子行為產生行為習慣
→ 行為習慣影響孩子的未來

有句俗語講：富不過三代！指的是富家子弟容易缺乏危機感和競爭意識，缺乏熱情。

遊戲如何促進身心與智力發展

可能有家長好奇,玩耍本來就是小孩子的天性,有這麼重要嗎?下面舉的幾個例子就能夠說明玩耍影響到孩子未來諸多方面的成長發育。

舉例1 有幾個家庭帶著三個孩子一起去休閒農場吃飯,三個孩子跑到花園裡面採摘了許多未成熟的石榴拿到餐桌上,但是沒有一個家長指出孩子的行為是不對的。你看,這些行為就是孩子在平時玩耍過程中形成的。孩子認為去採摘這些未成熟的石榴是很自然的事,是鬧著玩的,家長都沒有說什麼。久而久之,孩子就養成不良的心理狀態,進而產生不良行為。

舉例2 孩子在公共場所大聲喧嘩,或者影響到別人,有時還會引起大人之間的爭吵,甚至打架的例子也不少。孩子們之所以在公共場所中出現這種不文明行為,都是因其平時玩耍中的不良行為沒有及時得到家長的制止,久而久之養成錯誤的行為習慣,可是家長卻渾然不知。

舉例3 平時孩子在玩耍的過程中會時常和同伴發生爭執,有的孩子會說我爸爸是做什麼的,我叫我爸爸來打你!我們家比你們家有錢!類似的例子在孩子童年的玩耍中經常出現。孩子的這種表述,展現出平時受家長的不良影響,從小就有對權力、地位和金錢的崇拜心理。

舉例4 曾報導,坐高鐵或飛機占別人位置的「占位者」,這些成年人所犯的錯,一定是他小時候在玩耍中,很多自私行為沒有得到家長及時糾正,逐漸形成這種不良的心理狀態,這與童年不正確行為有密切關聯。

3. 玩什麼

（1）遊戲類：就是各式各樣的遊戲，建議現代遊戲和傳統遊戲相互結合，側重讓孩子多玩一些團體類的遊戲，小朋友們一起玩遊戲對孩子的心理發展非常有益。

（2）項目類：比如夏令營、冬令營，或者學校、幼兒園、家長自行組織的團體活動、體育比賽項目等。參加這些項目的時候，家長應該多放手，不要限制孩子太多。

（3）玩具類：玩具的種類非常繁多，孩子特別喜歡，小到積木拼圖，大到遙控汽車、遙控飛機，玩這些玩具應該與智力開發、知識學習相互結合。訓練孩子用簡單的玩具玩出新花樣，比如玩積木、玩魔術方塊、跳繩等，這些玩具雖然簡單，但對孩子的智力啟發是非常有幫助的，在智力促進方面，複雜的電子玩具並不比那些傳統的簡單玩具好。

（4）學習類：是指以學習某項知識或某種技能為主要目的的一些活動。往往是為了糾正孩子的性格偏性，或者彌補某些知識不足，但要動靜結合，比如有些孩子愛靜少動，那應該多安排一些動態活動。如果孩子喜歡動，不喜歡靜，那應該多安排畫畫、寫字、下棋之類的靜態活動，要動靜結合，在玩耍中改善孩子發展中的不平衡。

4. 玩好要三多三少

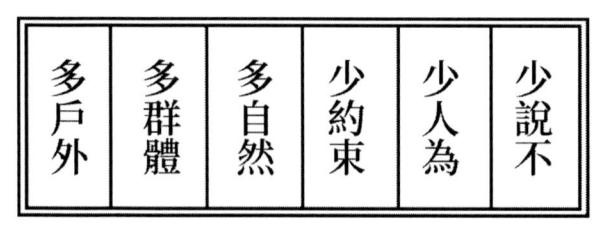

多戶外	多群體	多自然	少約束	少人為	少說不

(1) 三多：多戶外、多群體、多自然。

◆ 多戶外。孩子應以戶外玩耍為主，室內玩耍為輔。在戶外要注意遊樂場地的安全隱憂，地面要平坦，最好是柔軟的土地或者是草坪，應避免孩子在施工地點、車道等危險地區玩耍。室內玩耍要保持光線充足、空氣流通，家具邊角安全，地板柔軟。

◆ 多群體、多自然。比如讓孩子參加夏令營、冬令營等；去戶外賞鳥、跑步、爬山等。讓孩子爬爬樹、摸摸魚、抓抓蝦、玩玩泥、打打水仗、抓抓蝌蚪，在自然環境下玩耍，對孩子的心理成長更加有益。筆者看過一張網路圖片，幼兒園老師抓了一些蝌蚪放到小盆子裡，讓孩子圍一圈看著畫蝌蚪，其實還不如讓孩子到河邊，看著河裡自由游動的蝌蚪去畫畫，讓孩子親近大自然。不必因為過度擔心孩子玩到滿身泥濘，從而限制孩子在大自然環境下玩耍。

另外，玩耍的時間，四季均可，以春秋為主，即便是寒冷的冬天，在沒有大風的情況下也應經常讓孩子進行戶外活動，多晒太陽。如在下雪天，只要讓孩子穿得暖和一點，就可以帶孩子去戶外活動，因為這時候的空氣比較清淨、溼潤，不必過度擔心孩子是否會著涼。

(2) 三少：少約束、少人為、少說不。

少約束。就是少限制孩子這不行、那不行，在注意安全的情況下減少約束。

少人為。就是減少人為設計孩子的玩樂項目，讓孩子在大自然裡自由自在地玩耍。

少說不。孩子在童年的玩耍中，大人總是說這不能做、那不敢做，讓孩子在玩耍過程中無所適從。大人們應該盡量少說「不」字。

5. 玩耍及日常生活中常見的問題

孩子在整個童年以及學齡期間，許多的行為習慣、品行品德、公共素養、處世能力、生活能力、學習習慣、助人愛心等都是在玩耍中慢慢形成的，所以請家長們對照下面的問題，想想您的孩子哪方面還有所欠缺，並在以後的生活中慢慢改善。

遊戲如何促進身心與智力發展

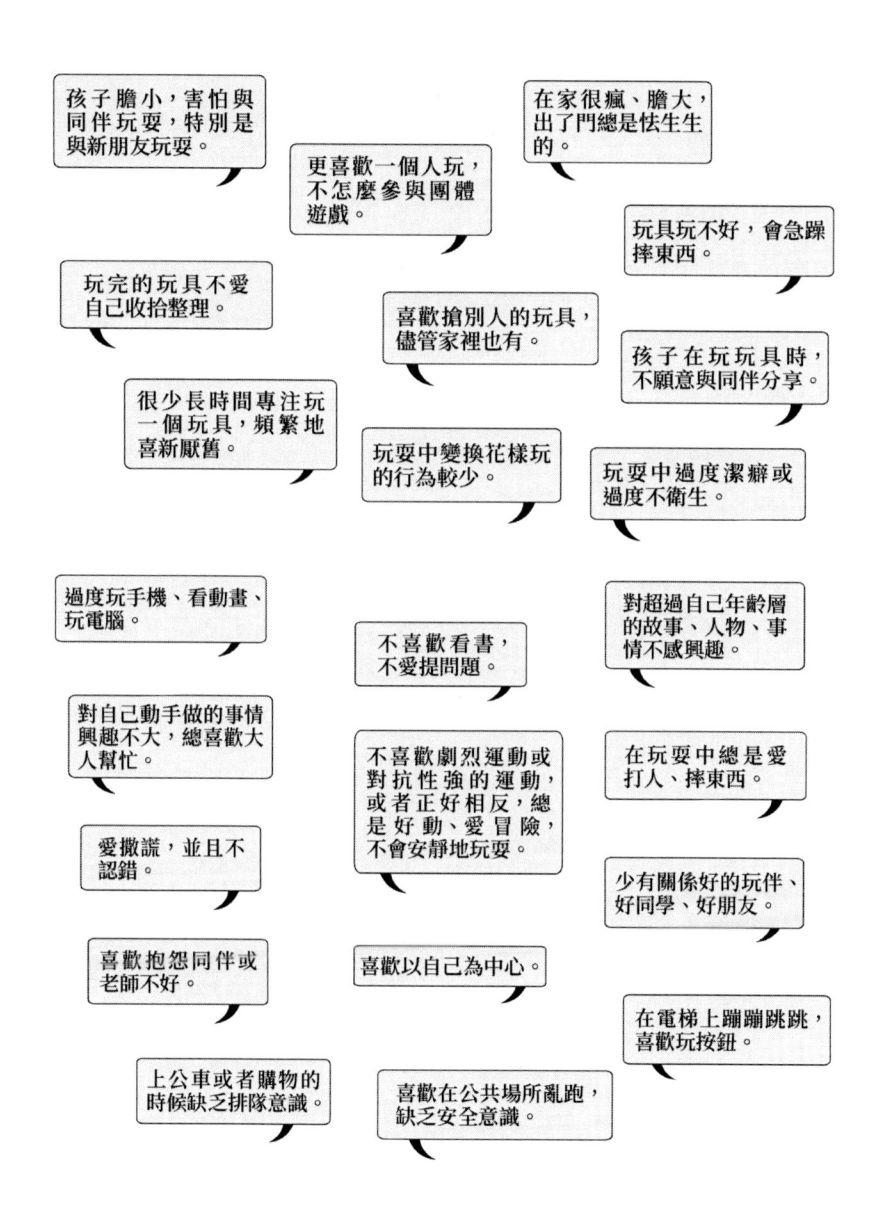

- 孩子膽小，害怕與同伴玩耍，特別是與新朋友玩耍。
- 在家很瘋、膽大，出了門總是怯生生的。
- 更喜歡一個人玩，不怎麼參與團體遊戲。
- 玩具玩不好，會急躁摔東西。
- 玩完的玩具不愛自己收拾整理。
- 喜歡搶別人的玩具，儘管家裡也有。
- 孩子在玩玩具時，不願意與同伴分享。
- 很少長時間專注玩一個玩具，頻繁地喜新厭舊。
- 玩耍中變換花樣玩的行為較少。
- 玩耍中過度潔癖或過度不衛生。
- 過度玩手機、看動畫、玩電腦。
- 不喜歡看書，不愛提問題。
- 對超過自己年齡層的故事、人物、事情不感興趣。
- 對自己動手做的事情興趣不大，總喜歡大人幫忙。
- 不喜歡劇烈運動或對抗性強的運動，或者正好相反，總是好動、愛冒險，不會安靜地玩耍。
- 在玩耍中總是愛打人、摔東西。
- 愛撒謊，並且不認錯。
- 少有關係好的玩伴、好同學、好朋友。
- 喜歡抱怨同伴或老師不好。
- 喜歡以自己為中心。
- 在電梯上蹦蹦跳跳，喜歡玩按鈕。
- 上公車或者購物的時候缺乏排隊意識。
- 喜歡在公共場所亂跑，缺乏安全意識。

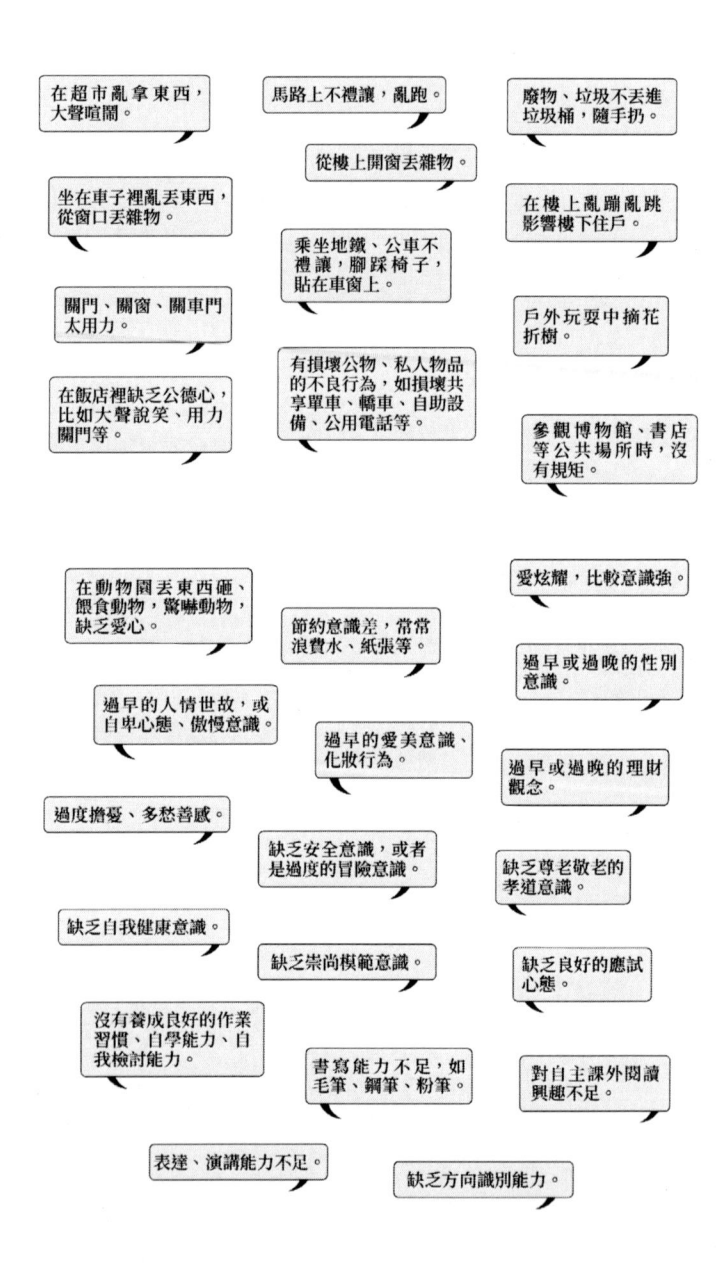

孩子成長的第二關：打理好每一片土地，照顧好每一個細節

- 在超市亂拿東西，大聲喧鬧。
- 馬路上不禮讓，亂跑。
- 廢物、垃圾不丟進垃圾桶，隨手扔。
- 從樓上開窗丟雜物。
- 坐在車子裡亂丟東西，從窗口丟雜物。
- 在樓上亂蹦亂跳影響樓下住戶。
- 乘坐地鐵、公車不禮讓，腳踩椅子，貼在車窗上。
- 關門、關窗、關車門太用力。
- 戶外玩耍中摘花折樹。
- 有損壞公物、私人物品的不良行為，如損壞共享單車、轎車、自助設備、公用電話等。
- 在飯店裡缺乏公德心，比如大聲說笑、用力關門等。
- 參觀博物館、書店等公共場所時，沒有規矩。
- 在動物園丟東西砸、餵食動物，驚嚇動物，缺乏愛心。
- 愛炫耀，比較意識強。
- 節約意識差，常常浪費水、紙張等。
- 過早或過晚的性別意識。
- 過早的人情世故，或自卑心態、傲慢意識。
- 過早的愛美意識、化妝行為。
- 過早或過晚的理財觀念。
- 過度擔憂、多愁善感。
- 缺乏安全意識，或者是過度的冒險意識。
- 缺乏尊老敬老的孝道意識。
- 缺乏自我健康意識。
- 缺乏崇尚模範意識。
- 缺乏良好的應試心態。
- 沒有養成良好的作業習慣、自學能力、自我檢討能力。
- 書寫能力不足，如毛筆、鋼筆、粉筆。
- 對自主課外閱讀興趣不足。
- 表達、演講能力不足。
- 缺乏方向識別能力。

促進孩子健康成長的關鍵

孩子除了吃好、睡好、玩好以外,更重要的一點就是我們的孩子要擁有發育良好的身體、愉悅的情緒、強健的體質、協調的動作、良好的生活習慣和基本的生活能力。

1. 愛孩子,不是溺愛孩子

我們現在的孩子都是家庭的寶貝,全家人把所有的愛都放在了孩子身上,孩子基本上什麼都不需要做,所有的事家其他人都做好了。孩子過生日場面浩大、禮物很多。請問:這是愛孩子嗎?這肯定不是愛孩子,這只會讓孩子變得自私自利、驕橫乖張、目無長輩。為了讓孩子長大後飛得高、飛得遠、飛得開心,家長們千萬不要溺愛孩子!

2. 交通常識

- 2歲以後的孩子應該慢慢認得紅燈停、綠燈行等交通訊號。
- 讓孩子知道東西南北,太陽東升西落。
- 逐漸教會孩子認得道路上的交通標線,比如斑馬線、車道分隔線、慢車道線、導盲磚等。

- 大一點的孩子要逐步認地圖，包括電子地圖，學會使用基本的導航定位，知道如何問路。
- 掌握乘坐飛機的相關知識，理解機場指標所代表的意思。
- 掌握乘坐公車的相關知識，了解有關乘坐公車的禮儀，比如排隊、讓座等。
- 掌握乘坐高鐵的相關知識，理解車站指標所代表的意思。
- 了解乘坐捷運的注意事項等。

總之，應教會孩子乘坐各種交通工具的相關知識和技能。在平時帶孩子乘坐交通工具時，要教孩子一些相關知識。

3. 社交禮儀

教孩子怎麼稱呼他人，怎麼請求他人幫助，如何跟不太熟悉的小朋友交朋友，如何和別人打招呼。總之，在生活和玩耍中，要教會孩子怎樣與小朋友相處，學會與大人交流，了解不同職業的主要工作內容，比如警察是做什麼的，醫院和醫生、管理員、水電工、派出所等等是做什麼的。知道撥打110是報警，撥打119是火警與救護車。

4. 生活常識

孩子生活能力的培養貫穿在整個成長的過程中，要在成長的過程中慢慢培養孩子的生活能力，也就是孩子的社

會適應能力。

- 對於學齡孩子應教導一些用電常識，比如冷氣、冰箱的使用方法，微波爐、電磁爐、烤箱、暖氣以及瓦斯爐的安全使用注意事項等。
- 了解騎車可能遇到的問題，以及騎車時的安全注意事項。
- 了解開門窗、鎖門的相關知識，注意鑰匙的保管。
- 了解常用工具的使用，比如扳手、螺絲起子、驗電筆、瑞士刀等。
- 學會簡單的針線使用方式，比如如何縫補破損的衣服。
- 知道如何使用膠水，膠帶以及膠水使用的安全注意事項。
- 了解洗衣服、刷鞋、乾洗衣服的相關知識，比如什麼樣的衣服要乾洗。
- 掌握洗澡、刷牙等衛生技能，並培養安全意識。
- 了解網路購物、外送的相關知識。
- 了解天氣預報的相關知識，極端天氣的安全常識。

5. 煮飯技能

- 認得饅頭、包子、水餃、麵包、麵條等。
- 大一點的孩子要學會簡單的煮粥、煮麵。

- 學會包餃子、煎蛋、煮飯。
- 培養買菜、選菜的技能。
- 讓孩子學會做幾道簡單的家常菜。
- 教會孩子燒開水、煮牛奶、煮雞蛋,並培養用火用電的安全意識。
- 學會收拾餐具,養成隨用隨洗的習慣。
- 了解烹調器具的使用方法,並培養安全意識。
- 了解在餐廳點餐的相關知識。
- 了解吃自助餐的相關知識和注意事項。
- 了解調味料的購買與使用。
- 了解常用乾燥蔬菜的使用方法和相關知識。

6. 安全常識

- 掌握乘坐常用交通工具的安全知識,走路、騎車要專注,遵守交通規則,留心人孔蓋。
- 掌握選擇交通工具的相關知識。
- 建立夜晚行走的安全意識。
- 建立乘坐腳踏車的安全意識。
- 了解乘船的安全須知。
- 了解遊樂場所的安全注意事項,教會孩子怎麼詢問、排隊和遊玩,如何看遊玩須知等。

- 建立雨雪天氣、雷電天氣、強風天氣、霧天氣的安全意識。

7. 野外安全常識

　　孩子通常很喜歡戶外活動，大孩子甚至喜歡一些小小冒險活動，這些都是孩子的天性，因此，家長在平時和孩子一起進行戶外活動、旅遊時，應教會他相關知識，尤其是安全知識，減少發生意外。

- 在野外如何判斷活動區域是否安全，比如說道路是否平坦、是否遠離水域和野生動物。
- 如何辨識有毒的動物，比如蛇、蜈蚣、蠍子等。
- 如何辨識有毒的野果、野菜、蘑菇等。
- 被蚊、蟲、蛇咬以及被蜜蜂蜇傷之後的自救方法。
- 學會辨識危險水域，掌握自救和救人的方法。
- 要了解防火、防跌傷、防迷路的方法。
- 在泥潭裡的自救和救人的方法。
- 要特別重視中暑及強烈紫外線照射對人體的危害，要積極做好防護。
- 野外飢餓以及口渴的解決辦法。放大鏡取火的方法。
- 野外求援的方法、標識，如何使用電話、煙霧、鏡子反射報警等知識。

- 探險安全意識的教育和培養，野外指南針的使用。
- 跌傷的時候自救與救人的方法，學會受傷之後的簡單處理方法。
- 止血、包紮傷口，包括鼻子流血的自行處理方法。
- 常用外用治療性植物的辨識與應用。
- 風沙跑進眼睛的處理方式。
- 尖刺刺入皮膚的簡單處理方法。

8. 警惕意外傷害

　　因為孩子活潑好動，所以孩子在生活中碰碰撞撞在所難免。有報導指出，兒童發生意外傷害以每年7%～10%的速度增加，5歲以下的孩子更易發生意外傷害。避免孩子意外傷害，也是孩子整體健康的一個重要事項，最好的辦法是做好預防。希望大家有所警惕，同時在以後與孩子玩耍的過程中及成長過程中更加小心。

孩子成長的第三關：
防患未然，
守護孩子的健康

孩子成長的第三關：防患未然，守護孩子的健康

想要讓孩子長得好，就像種莊稼一樣，選好種育好苗，過了第一個關卡。又做好了田間管理，就是管理好水、肥、土，又過了第二個關卡。那麼，第三個關卡就是防治病蟲害了！對於孩子來講，就是不生病，以及生小病時能自我處理。即使過了前兩個關卡，到了第三個關卡──孩子總是生病，那仍然長不好。總是生病的孩子怎麼能好好成長呢？

在分享這第三個關卡之前，要在幫大家複習一下什麼是真正的健康。它包括身體健康、心理健康、道德健康、社會健康、智力健康。我們知道，人體有三種狀態：健康狀態、疾病狀態、亞健康狀態。大約有5%的孩子處於真正的健康狀態，疾病狀態的大約占20%，差不多75%的孩子是處於亞健康狀態。亞健康狀態也叫第三狀態、灰色狀態。下面從三個面向跟大家分享：一是什麼是亞健康狀態；二是怎麼確認幼兒的體質狀態；三是常見的偏頗體質如何調理。

亞健康警訊 ——
如何避免影響孩子未來健康

　　現實中完全符合真正健康的孩子很少，而大部分孩子都處於亞健康狀態。臨床觀察發現，有約 75％ 的孩子處於亞健康狀態。在第三個關卡，我們主要談論如何防治「病蟲害」，哪些「病蟲害」會影響孩子的成長呢？

　　要防治「病蟲害」，我們首先要調理好孩子的亞健康狀態。透過調理亞健康狀態，使身體更接近健康狀態，生病的機率就會減少，完全健康的孩子就會增加。下面談談亞健康到底是什麼，處於亞健康應該如何應對。首先要明白四點：①孩子多數處於不同程度的亞健康狀態。②孩子亞健康狀態更接近疾病狀態。③幼兒亞健康狀態與脾胃功能關係密切。④幼兒亞健康狀態影響免疫功能和成長發育。

1. 亞健康的表現

◆　食慾不佳、口臭、舌苔白厚和（或）膩、地圖舌、磨牙、口水多、腹脹、腹痛。

- 大便不調（乾結、不規律、大便前乾後稀、不消化、大便多）、大便酸臭、大便黏膩、大便色白、大便色綠、大便色深發黑。
- 倦怠乏力、夜眠不安、夜驚、夜啼、小便黃。
- 愛哭鬧、急躁易怒、多動、抽動、暴力傾向、膽小、性格內向、情緒低落。
- 發作性的噴嚏、鼻塞、鼻鼾、張口呼吸、鼻涕多、鼻癢、眼癢。
- 面色萎黃或花斑、臉頰粟米狀皮疹、牙齒不好。
- 髮不榮（髮穗、髮黃、髮細、髮疏、髮軟、髮白、髮枯）。
- 嘴唇紅赤、手足心熱（脫皮、紅赤）、多汗（白天或夜間）。
- 爪甲不榮（白斑、凹陷、枯白、脫皮、粗糙、脆薄）。
- 皮膚粗糙或皮膚搔癢、皮膚過敏反應（易起癮疹）。
- 反覆感冒、長期咳嗽、反覆發燒、反覆食積、反覆口腔潰瘍、反覆長麥粒腫、反覆扁桃腺發炎、反覆蕁麻疹、反覆溼疹、反覆鼻炎等都屬亞健康狀態。

2. 偏頗體質分類

　　並不是每個孩子都會出現上面所有的亞健康症狀，有些是這種症狀，有些是那種症狀，那麼，怎樣來判別孩子的亞健康狀態呢？我們把亞健康的症狀歸納成不同的偏頗體質。

根據臨床經驗，孩子多歸屬於八種偏頗體質：積滯體質、氣虛體質、熱盛體質、過敏體質、肝火體質、痰溼體質、怯弱體質、陽虛體質，分別簡稱為積滯體、氣虛體、熱盛體、過敏體、肝火體、痰溼體、怯弱體、陽虛體，而最常見的是積滯體、氣虛體和熱盛體。

3. 偏頗體質的表現及調理

（1）積滯體質：是以容易傷食、傷乳、消化不良等症狀為主的亞健康狀態，與不良的飲食習慣有關。

主要表現：口腔異味（口臭、口氣酸腐、口氣難聞）、易腹脹、夜眠不安（睡眠輾轉不安）、時時腹痛、食慾不佳、大便酸臭或大便乾結、舌苔厚或地圖舌、嘔吐／乾嘔、磨牙、異食症、夜啼、偏食等。

積滯體的孩子易發生感冒、發燒、口瘡、乳蛾（扁桃腺發炎）、成長滯後、貧血、疳證、佝僂病等非健康傾向。

調理方法：可以用本書附錄中的「處方1」。

（2）氣虛體質：是以脾、肺氣虛為主要症狀的亞健康狀態。

主要表現：乏力、汗多、面色萎黃或花斑或手足心萎黃、爪甲不榮、髮不榮、大便不化等。

氣虛體的孩子易發生感冒、咳喘、成長滯後、營養不良、疳證、佝僂病、貧血等非健康傾向。

調理方法：可以用本書附錄中的「處方2」。

(3)熱盛體質：是以實熱內盛為主要症狀的孩童亞健康狀態。

主要表現：口腔異味、手足心熱（紅赤、脫皮）、嘴唇紅赤或潮紅、舌質紅、大便乾結、多汗、鼻衄（流鼻血）、尿黃、頻尿、眼屎多等。

熱盛體的孩子易於出現乳蛾、發燒、復發性口瘡、皮膚瘡瘍、麥粒腫、外陰搔癢（女孩）、皮膚過敏反應等非健康傾向。

調理方法：可以用本書附錄中的「處方3」。

(4)過敏體質：是以好發過敏性疾病為主要表現的亞健康狀態。

主要表現：易鼻塞、噴嚏、溼疹、皮膚搔癢、蕁麻疹、皮膚粗糙、皮膚過敏反應、蚊蟲叮咬後反應強烈、清喉嚨、鼻眼癢、哮喘、舌質紅、多種食物過敏、肥胖等。

過敏體質的孩子易出現溼疹、哮喘、毛細支氣管炎、蕁麻疹、鼻炎等非健康傾向。

調理方法：可以用本書附錄中的「處方4」。

(5)肝火體質：是以肝火上炎、肝陽偏亢為主要症狀的亞健康狀態。

主要表現：好動傾向、抽動傾向、急躁易怒、暴力傾

向、手足心熱、大便乾結、尿黃、嘴唇紅赤、舌質紅、哭鬧、喜冷飲、多奶、多肉食、多夢、異食症、數脈等。

肝火體的孩子易出現過動症、抽動症、意外傷害、性格偏執、異食症、自閉症等非健康傾向。

調理方法：可以用本書附錄中的「處方5」。

(6)痰溼體質：以肥胖或痰溼致病為主要表現的亞健康狀態。

主要表現：肥胖、面色㿠白、多汗、疲勞、喘息、喉痰多、舌苔白膩、溼瘡、口水多、嗜睡、鼻鼾、呼吸聲粗、大便黏膩等。

痰溼體的孩子易於出現溼疹、哮喘、毛細支氣管炎、肥胖症、運動協調能力欠佳等非健康傾向。

調理方法：可以用本書附錄中的「處方6」。

(7)怯弱體質：是以性格內向、膽小、易受驚嚇為主要表現的亞健康狀態。

主要表現：話少、不主動交流、膽小、易受到驚嚇、夜驚、夜啼、多夢、熱性痙攣史、易哭、多靜少動等，或伴有早產、體重低等過去病史。

怯弱體的孩子易於出現熱性痙攣、驚嚇、膽小、性格內向、語言發展緩慢或缺陷、感統（感覺統合）失調、溝通障礙、癲癇、歇斯底里等非健康傾向。

調理方法：可以用本書附錄中的「處方7」。

(8)陽虛體質：是以脾陽或脾腎陽虛為主要症狀的亞健康狀態。

主要表現：怕冷、手足不溫、大便多或清稀或完穀不化、色綠、夜尿多、舌質淡、腸鳴音亢盛、面色蒼白、髮不榮、鼻塞等。

陽虛體的孩子易出現成長滯後、遺尿、溼疹、泄瀉、貧血、佝僂病、凍瘡、易感冒等非健康傾向。

調理方法：可以用本書附錄中的「處方8」。

附：幼兒亞健康小處方：檳榔10克、焦神曲10克、黃芩10克、炒白扁豆10克、茯苓10克、生梔子10克、炒牽牛子6克。

加減：①偏於食慾不佳者加炒麥芽10克、枳殼6克、炒萊菔子10克。②偏於大便乾結者加大黃3克、枳殼6克、當歸10克。③偏於消瘦、體重和身高低於標者加蒼朮6克、炒白朮10克、補骨脂10克、白茅根15克。④幼兒吃得多、拉得多、體重增加緩慢者加炒白朮10克、補骨脂10克、炮薑6克、葛根10克。⑤偏於內熱重者加青蒿10克、連翹10克、白茅根15克。⑥偏於汗多者加青蒿10克、浮小麥10克、生黃耆10克。⑦幼兒反覆呼吸道感染、大便不乾者、用原方原量即可。可以用中藥配方顆粒或中草藥煎煮服用。

常見疾病與症狀的家庭護理指南

據相關研究顯示，在孩子的成長過程中，大約有 20％的孩子處於疾病狀態，而且大多都是一些常見、好發疾病；幼兒大約有 80％的疾病都集中在肺系疾病和脾系疾病，就是常說的感冒、發燒、腹瀉、肚子痛。下面介紹一些孩子常見的、在家容易處理的疾病，同時還有必須了解的一些危險重症疾病，以免延誤診治。

1. 總是生病怎麼辦

感冒、發燒、咳嗽、各式各樣的過敏情況，都很常見、好發於孩子的成長期間，尤其是 6 歲之前的孩子更容易頻繁發生，所以，常常聽到家長們說：孩子怎麼總是感冒、發燒、咳嗽、過敏，整天和醫院打交道。

（1）生病的孩子常見的發病因素：一是多重因素造成的免疫力低下；二是免疫功能過度反應；三是生活護理不當；四是飲食習慣不良；五是過度治療造成的體質弱化。

（2）針對這類孩子的幾個原則：首先，要改變上述的生病因素；其次調理孩子的免疫平衡、腸胃功能、未生病期間的亞健康狀態。

2. 感冒

(1) 什麼是感冒：這是中醫的病名，現代醫學叫急性上呼吸道感染。

(2) 感冒的症狀：孩子出現鼻塞、噴嚏、流鼻涕、咳嗽、發燒，這就是常說的孩子感冒了。1歲以下的孩子感冒，往往症狀表現並不典型，可能僅僅有嗆奶、嗆水、哭鬧、難以哺乳、嘔吐、腹瀉等症狀，這些看起來不像感冒的表現，但實際上也是感冒。所以，在嬰兒感冒的時候我們要特別注意，千萬不要誤診了。6個月以內的嬰兒通常不容易發生感冒，但是一旦感冒就特別不容易好。臨床上經常遇到大人或者是大孩子感冒了傳染給家裡嬰兒的情況。總之，嬰兒感冒症狀多不典型，而且容易引起嚴重的併發症，所以一定要格外小心！

(3) 感冒的原因：一是穿得少、被子蓋得薄等因素導致孩子著涼；二是周遭的人感冒了傳染給孩子。

在感冒好發的季節，同樣的情況下有些孩子容易感冒，有些孩子不太容易感冒，這是為什麼呢？

- 免疫力低下的孩子更容易感冒，還有先天性心臟病、貧血、佝僂病、營養不良的孩子比正常孩子更容易感冒。
- 食積的孩子更容易感冒，就是吃太多，特別是吃太多不容易消化的零食、煎炸食物等。孩子一旦吃多了，處於

食積狀態了，抵抗力就會下降，更容易感冒。所以中醫認為：吃少、吃熱、吃軟則不病。

◆ 有些孩子反覆感冒，而有些孩子就不太容易感冒，這與孩子的體質狀態有關，比如說氣虛體、積滯體更容易感冒。

(4)感冒不是小病：感冒雖然很常見，一般情況比較輕，但是也可能變成大病，比如說肺炎、心肌炎、腦炎，這些疾病都會由感冒引起。所以，得到感冒也是不能大意的。

(5)感冒的治療：感冒多由病毒引起，很少一部分則是由於細菌感染引起，所以用抗生素治療感冒是沒有效的，反而濫用、誤用抗生素會造成孩子許多不良反應，應該糾正「孩子一感冒就用消炎藥」這種錯誤習慣。另外，感冒實際上是一種自限性疾病，也就是說，如果我們身體狀態良好、免疫力正常，感冒通常是可以自癒的。因此，不應該過度治療感冒，不要一得感冒就開很多藥讓孩子吃。感冒通常一年四季都容易發生，但是秋冬及早春季節發生率比較高。所以秋冬、早春季節是預防孩子感冒的重要時段。感冒是小病，如果孩子免疫功能正常就不必大驚小怪，更不要過度治療，許多感冒我們在家裡就可以處理。下面向大家介紹幾個簡單的方法及注意點：

- 首先做到飲食清淡，多喝水、多尿尿、多睡覺、多晒太陽。孩子感冒了，食慾下降，總想吃些口味重的、香的東西，越是這樣感冒越不容易好，甚至加重。這些聽起來簡單卻很重要，也是我們家長最容易忽略的。
- 孩子感冒了，可以讓孩子泡泡腳、泡泡澡，就是我們常說的足浴、藥浴。如果缺乏泡澡環境也可以用熱水泡泡腳，要泡到微微出汗。推薦一個藥浴小處方給大家，可以足浴，也可以全身藥浴：艾葉 30 克、青蒿 15 克、荊芥 15 克，加水適量，煎煮 5～10 分鐘，加水到適宜的溫度後，好好泡泡腳或泡泡澡。如果是風寒感冒，以流清鼻涕為主，不常發燒，可以多用一些艾葉、荊芥。如果孩子發燒、喉嚨紅，屬於風熱感冒，可以多用一些青蒿。
- 多喝蘿蔔生薑水。多放些白蘿蔔，少量生薑，放些冰糖，水煎煮後讓孩子少量頻服。如果孩子能接受，也可以加些鮮荊芥或者藿香，效果會更好。
- 如果孩子能吃中藥，推薦一個中藥小處方給大家：紫蘇葉 8 克、桔梗 8 克、黃芩 8 克、桑白皮 8 克、檳榔 8 克、炒萊菔子 10 克、生薏仁 10 克、連翹 8 克、柴胡 8 克。這些藥在中藥鋪都很容易買到，風寒感冒、風熱感冒都可以用。

煎服方法：先用水浸泡 30 分鐘以上，煎煮 5 分鐘（就是開鍋後 5 分鐘關火），悶泡到合適的溫度以後再濾出服用，3 歲以上的孩子，每次 80～150 毫升，能多喝點盡量多喝一點。3 歲以下 30～70 毫升。如果孩子大便乾結，可以加生大黃 2～3 克；如果打噴嚏、流清鼻涕特別多，可以加 3～5 片生薑，或者另加約 5 公分長的蔥白。另外，這個小處方也可以作為藥浴處方，多加點水泡泡澡，讓孩子微微汗出即可。

3. 發燒

(1) 什麼是發燒：也叫發熱，通常是指孩童體溫異常升高，我們用腋下溫度計測量，體溫高於 37.3°C 時就是發燒了。發燒有輕有重，如果在 37.3～38°C 叫低燒；39.1～41°C 叫高燒；高於 41°C 叫超高燒或高熱；體溫低於 35°C 稱為體溫不升。大家比較常用的是腋溫，上面的就是指腋溫。通常量體溫，要把溫度計的水銀柱甩到 35°C 以下。也有人用量口溫或肛溫，口溫一般高於腋溫大約 0.5°C，而肛溫又高於口溫 0.5°C。測量腋溫的時間是 5～10 分鐘。

(2) 常見的發燒性疾病：感冒、扁桃腺炎、氣管炎、肺炎、腹瀉等。若是長期發燒，反覆頻繁地發燒，那就要請不同專業的醫生會診了，這裡只聊聊常見的發燒性疾病。

- 感冒發燒，是發燒伴隨感冒症狀。哪些是感冒症狀呢？比如說鼻塞、流鼻涕、咳嗽等。氣管炎發燒伴隨明顯的咳嗽、痰多。
- 肺炎發燒，往往體溫較高，難退，還會伴隨呼吸困難。
- 哮喘也可能伴隨發燒，但是哮喘發燒大多是中低燒。
- 食積發燒，是發燒伴隨飲食不正常的情況，通常還有腹脹、口臭、食慾差、舌苔厚、夜眠不安等症狀。
- 腹瀉發燒，多是發燒伴隨腹瀉、腹痛，或者大便有黏液，甚至痢疾的膿血便。
- 扁桃腺炎引起的發燒，是發燒伴隨扁桃腺腫大、充血、化膿、喉嚨痛。
- 流感引起的發燒，發燒程度往往較高且比較難退，容易出現精神差、食慾下降等症狀，同一時間發病的孩子較多且有同樣的症狀。

(3) 發燒的處理方法：輕度的低中燒可以不處理，這是因為發燒是人體的免疫反應，是正氣與邪氣對抗的表現，發燒有利於刺激人的免疫功能，進而清除病毒和病菌，總之有助於袪除疾病。因此，當有發燒時不要緊張，只要體溫不是太高，不需要馬上退燒。正常情況下低中燒不必馬上退燒，但是低中燒也不能持續過久。之所以需要處理，是因為體溫過高，如高燒、超高燒對身體，特別是對腦神經是有傷害的。

持續過久的低燒也必須處理。有熱性痙攣史的孩子要及時退燒。通常 38.5°C 以上可以考慮用退燒藥物。有熱性痙攣史或癲癇史的孩子，可以在體溫 38°C 時就使用退燒藥物。另外，如果是低燒的情況，孩子感覺非常難受，頻繁哭鬧，或者精神比較差，也要及時地尋找原因。

(4) 發燒怎麼辦：

◆ 勤量體溫。孩子的體溫變化比較大，而且變化比較快，往往在晚上體溫更容易升高。熱性痙攣在晚上更容易發生，因此發燒的孩子要頻繁地監測體溫，尤其是晚上。在發燒時不要幫孩子蓋得太厚、穿著太多。孩子處於高燒時往往手腳不熱反而發涼，但是肚子卻很熱，甚至有寒顫的現象，這時候衣被可以稍微厚一點，但是要防止痙攣發生。

◆ 發燒時要讓孩子清淡飲食、多喝水、多尿尿。對於高燒手腳涼、出汗少的可以讓孩子泡泡熱水澡，泡澡水逐漸由溫到熱，讓孩子泡到微微出汗，汗出熱解。涼水浴，適用於高燒而手腳不涼的孩子。有熱性痙攣史的孩子，可以用冰塊裹上乾毛巾（避免冰塊直接接觸孩子的皮膚，造成皮膚凍傷）放在孩子的兩側太陽穴、頸部、腋下、腹股溝降溫，條件合適的可讓孩子戴上冰帽。高燒的孩子應該搭配口服的退燒藥，如布洛芬或者乙醯氨酚，家裡可以作為常備藥，但是通常不要連續使用。

- 如果孩子高燒狀態持續、退燒藥效果不好，或者是剛退一點很快就又升上來，我們通常會讓孩子吃退燒藥後再泡個藥浴，使孩子汗出熱退。在服用中成藥時，可以同時服用西藥，配合退燒西藥效果會更好。
- 向大家推薦一個中藥小處方：藿香8克、青蒿10克、黃芩8克、桔梗8克、苦杏仁8克、柴胡6克、檳榔8克、生梔子8克、薑半夏8克、枳殼8克、生大黃3克、生甘草6克。煎服方法與本篇治療感冒的中藥煎服方法相同。必要時可2～3小時服用1次。

(5)哪些發燒要特別的注意：

- 肺炎，若孩子咳嗽伴隨發燒，突然咳嗽加重，而且體溫再次升高，我們要注意，是不是已經轉成肺炎了。嬰兒的持續高燒，肺炎的可能性更大。若1歲以下的孩子高燒伴隨嗆咳、精神不好，也要注意是否轉變成肺炎了。
- 腦炎，發燒伴隨嘔吐、哭鬧，大孩子會說頭痛，這時候要注意腦炎的可能性。只要發燒伴隨精神差的情況，都要特別注意腦炎的可能性，因為這類孩子病情會突然加重，要留意並及時請醫生診治。
- 中毒型痢疾，若持續高燒伴嘔吐、腹脹明顯，孩子精神差，而且發生在夏季，要注意中毒型痢疾的可能性。

◆ 秋季腹瀉，若發燒伴隨水狀的大便，腹瀉頻繁、尿少、精神差、皮膚彈性也不好，且發生在秋冬季節，通常推測是秋季腹瀉的可能性，而且孩子很容易出現嚴重脫水。

另外，免疫力低下、營養不良、極度消瘦的孩子，生病後體溫不一定很高，但是精神狀態會較差，越是這樣的孩子越要注意。這表示孩子病情嚴重，身體無力做出反應，所以不發高燒其實是更危險的訊號。

(6)哪些發燒是正常現象：運動後、飯後、剛睡醒，或夏天環境溫度較高，發燒往往是正常的，尤其是新生兒更容易因周遭溫度提升而體溫也升高。新生兒脫水時，體溫也會升高，這時應及時讓孩子補充點水分，只要孩子精神良好、哭聲有力、反應靈敏、哺乳正常，我們可以不做特別的處理。

4. 咳嗽

(1)什麼是咳嗽：咳嗽在中醫是一種病，在現代醫學屬於一個症狀。許多疾病都會引起咳嗽，比如說感冒、氣管炎、肺炎、喉炎都會，甚至食積也會引起咳嗽，過敏也會引起咳嗽，通常這種咳嗽不會伴隨喘息。我們這裡講的是感冒、氣管炎、食積引起的咳嗽。

- 感冒引起的咳嗽，多伴有鼻塞、流鼻涕、打噴嚏。
- 氣管炎引起的咳嗽，往往是咳嗽比較明顯，痰也比較多，沒有明顯的喘息，聽診在肺部可以聽到乾囉音或者大量的痰鳴音。
- 食積引起的咳嗽，多表現為間斷性乾咳或痰咳，吃多的時候咳嗽會更頻繁，孩子時常有吞嚥的動作，可能伴隨口臭、腹脹、舌苔厚等食積現象。

(2)咳嗽的治療：反覆感冒引起的咳嗽或支氣管炎引起的咳嗽，應該從免疫調節入手，調節孩子的免疫功能。如果是支氣管炎引起的咳嗽，應該在最短的時間治療控制，然後再調理防止復發，慎用抗生素和抗過敏藥物。食積引起的咳嗽，以調理脾胃、控制飲食為主。後期的輕微咳嗽，注意生活飲食起居的調理，讓其自行恢復，也可以用簡單的茶飲或外治方法。總之，咳嗽不可以過度治療。

新生兒、嬰兒、營養不良，或患有其他嚴重疾病如白血病、腫瘤、腦性麻痺、先天性心臟病的孩子出現咳嗽時，要特別的重視，因為這些孩子的身體抵抗力差，很容易出現嚴重的併發症或合併症。即使是正常的孩子，若咳嗽突然加重，並伴有發燒、喘息、精神差，則要考慮是不是已經轉成肺炎了。

(3)咳嗽的處理方法：

- 飲食療法。紅梨、白蘿蔔、生薑，加少許的冰糖，煎煮後少量頻服。大孩子鼓勵多吃香菜、荊芥、藿香、蔥、薑、胡椒、酸菜。也可用鮮艾葉炒雞蛋，即用新鮮的嫩艾葉切碎再與雞蛋一起炒熟後食用。
- 茶飲方。炙枇杷葉6克、炙款冬花3克、炙紫菀3克，水煎煮後讓孩子少量頻服。
- 推薦一個中藥的小處方：紫蘇葉6克、桔梗8克、桃仁6克、黃芩8克、白前8克、炙紫菀8克、薑半夏8克、蟬蛻6克、甘草5克，生薑3片做引子。水煎煮後少量頻服，煎一次喝1次，每煎5分鐘後，悶泡至適宜溫度再餵孩子，咳嗽較重者可以每天喝4～6次。
- 藥浴療法。可以用上面的中藥處方煮水，並加熱水至適量、適溫，讓孩子泡全身浴或足浴，泡至微微出汗。

(4)長期反覆咳嗽的注意點：中醫上有人將這種長期反覆的咳嗽叫久咳，是指長期咳嗽、反反覆覆、時輕時重，不容易好。這種久咳要注意：一是飲食清淡；二是多睡覺；三是多晒太陽，多進行日光浴。

對於久咳的孩子，要做好三個時段的免疫平衡調理，一是在咳嗽初癒後調理身體，預防復發；二是在好發的季節調

理，比如秋末、冬季、春初；三是開學初期，尤其是秋季開學之後。

(5)孩子經常咳嗽的調理：不要見一病治一病，見一症治一症，應該整體調理，才能有效地治癒長期咳嗽。

- 咳喘，就是咳嗽伴有喘息。因為哮喘本身就伴有咳嗽，或者是先咳後喘。要從整體調理。
- 經常伴隨鼻塞、鼻癢、鼻涕的咳嗽。這種咳嗽多依照過敏性鼻炎來治療，或認為是鼻涕倒流引起的咳嗽，但是治療這種久咳不能只解決鼻塞或者鼻涕倒流的問題，也要從整體免疫上解決問題。
- 經常伴隨蕁麻疹、溼疹的咳嗽，有這種咳嗽的孩子也要從整體免疫去解決問題。
- 咳嗽伴有多種食物或物品過敏的孩子，要從整體調理。
- 皮膚經常搔癢伴隨咳嗽。皮膚經常處於過敏反應，比如蚊蟲叮咬後反應特別明顯，這一類咳嗽也要從整體調理。
- 經常便祕伴隨咳嗽，要從整體調理。
- 經常食積伴隨咳嗽，要從整體調理。
- 咳嗽伴隨多汗。就是比平時的汗多，比周遭其他孩子的汗多，這類孩子的咳嗽也要從整體調理。

5. 乳蛾

（1）什麼是乳蛾：是中醫的一個病名，現代醫學叫扁桃腺炎。扁桃腺炎有急性的，也有慢性的。扁桃腺發炎可以是單側或雙側，主要症狀是扁桃腺腫大、充血或者化膿。慢性扁桃腺炎是指扁桃腺經常發炎，扁桃腺始終處於腫大和輕微充血的狀態。通常 10 個月以後的孩子才診斷扁桃腺炎，因為嬰兒的時候扁桃腺還沒有完全發育。孩子通常在 10 歲以後扁桃腺就慢慢地不再發育了。

（2）扁桃腺炎的表現：孩子得了扁桃腺炎，會出現發燒、喉嚨痛，吞嚥時疼痛更加明顯。還可能表現為嗆咳，或者吃飯喝水時嗆咳、清喉嚨，大孩子感到咽喉異物感。如果我們用棉花棒或筷子壓住舌面看咽腔，可以見到單側或雙側扁桃腺腫大、充血或化膿。

（3）扁桃腺炎的發病原因：積滯體、熱盛體、肝火體的孩子更容易得到扁桃腺炎。①孩子免疫力低下的情況下更容易得扁桃腺炎。②感冒著涼的時候容易發生扁桃腺炎。③飲食控制不良，特別是吃太多煎炸、膨化、乾果或者酸性食物，也會引起扁桃腺炎，肉類、奶類吃太多也會誘發扁桃腺炎。④經常大便乾結的孩子也容易發生扁桃腺炎。

（4）扁桃腺炎會引起嚴重的疾病：孩童得到扁桃腺炎是很常見的，大多並不嚴重，但是反覆發作會造成孩子免疫力進

一步下降，甚至引起心肌炎、風溼病、腎炎、過敏性紫斑，許多罹患這些疾病的孩子，前期都有扁桃腺炎的病史。年齡小的孩子患了扁桃腺炎，還可能引起腦炎。

(5) 扁桃腺炎的處理方法：對於反覆扁桃腺發炎的孩子，應從調理免疫平衡入手。調理的原則是：急性發作者按下面方法處理治療，等急性過去以後要調理體質狀態。體質調理可以從幼兒亞健康中最常見的三種偏頗體質即積滯體、氣虛體、熱盛體入手。

- 飲食清淡、多喝水、多尿尿、多睡覺、多晒太陽等。
- 食療，桑葉、荊芥、生薏仁煮水，少量多次服用，還可以多吃荊芥、苦菜、苦瓜、絲瓜、冬瓜、百合、荸薺。
- 多喝梨水、蓮藕水、綠豆水。
- 向大家推薦一個中藥小處方：桔梗 8 克、荊芥 8 克、生薏仁 10 克、連翹 8 克、黃芩 8 克、射干 8 克、生大黃 3 克、枳殼 8 克、車前子 10 克、生甘草 6 克。煎服方法與本篇治療感冒的中藥煎服方法相同。

6. 小兒肺炎

(1) 什麼是小兒肺炎：簡單地說就是指小兒的肺部患有炎症，中醫叫肺炎喘嗽。小兒肺炎比例高，最常發生，在住院病童中肺炎占的比例最高，冬季好發。肺炎可以由各式各樣

的病原體感染所致，常見的有細菌、病毒、黴漿菌。根據病變部位來分，最常見的是支氣管肺炎。

(2) 小兒肺炎的表現：可以用四個字概括：咳、喘、痰、熱。

早期的咳嗽比較明顯，咳得很嚴重，多數伴有發燒，但是喘得不太明顯，僅表現孩子呼吸加快。中期發燒會比較明顯，咳嗽也加重，而且痰也增加，喘得也明顯了，咳、喘、痰、熱都更明顯。到後期四大症狀都會不同程度減輕，可能僅表現低燒，咳嗽也減輕了許多，痰也減少，基本上不怎麼喘了。如果小孩子在感冒時，突然發燒和咳嗽加重，那就要小心是不是轉變為肺炎了。照個胸部 X 光片很容易診斷出來。有經驗的醫師可以在肺部聽到溼囉音。

(3) 要特別小心的肺炎：

◆ 新生兒肺炎，可能表現為不咳嗽、不喘息，甚至不發燒、肺部聽不到囉音。往往表現為孩子不怎麼吃，也不怎麼哭，反應也比較差，呼吸不均勻。照個胸部 X 光片有助於明確診斷。早產兒更容易得新生兒肺炎。

◆ 毛細支氣管炎，也叫毛細支氣管肺炎。通常發生在 2 歲以下的孩子，它的特點是以喘息為主，多伴有咳嗽，發燒反而沒有那麼嚴重；多是由病毒感染引起，反覆發作特別容易形成哮喘；預防復發是關鍵。

- 病毒性肺炎。凡是病毒感染引起的肺炎都比較嚴重，很多時候是由流感進一步加重引起的，要特別注意。它的特點是發燒特別高還很難退，明顯呼吸困難，咳嗽也比較重，痰反而很少。孩子中毒症狀比較明顯，表現為精神差，不怎麼吃東西，腹脹、嘔吐，反應也比較遲鈍。病毒性肺炎容易出現轉為重症，要特別小心。
- 有先天性心臟病、營養不良、中重度貧血以及各種原因免疫力極度低下的孩子，如果患了肺炎就容易轉為重症。因此，有這些基礎疾病的孩子得了肺炎，不能像普通孩子一樣看待，要隨時注意病情變化，治療思路也不一樣。

(4) 小兒肺炎什麼情況需要及時看醫生：孩子感冒了或者得了氣管炎，若有一天突然出現咳嗽加重，伴有高燒，突然加重的呼吸困難、精神不振，我們要小心是不是得了肺炎，要及時請醫生診治。

(5) 小兒肺炎的治療原則：

- 如果確診是細菌性感染的肺炎，可以使用抗生素。不是細菌感染用抗生素治療是沒有效的。目前肺炎治療有很多濫用抗生素的現象，這樣會造成很多負面問題。
- 肺炎運用中西藥共同治療效果會更好，尤其是病毒性肺炎運用中藥會提升療效。

- 對多次肺炎、反覆肺炎的孩子，中藥調理孩子的免疫功能更為重要！
- 向大家推薦一個無論是肺炎的早期、中期、後期均可以應使用的中藥小處方：紫蘇葉 8 克、桔梗 8 克、生薏仁 10 克、黃芩 8 克、蟬蛻 8 克、射干 8 克、柴胡 8 克、薑半夏 8 克、蜜百部 8 克、生大黃 3 克、炒紫蘇子 10 克、生甘草 6 克。煎服方法與本篇治療感冒的中藥煎服方法相同。

7. 小兒哮喘

（1）什麼是小兒哮喘：簡單來說就是孩童反覆咳嗽和喘息，喘息是一定有的症狀。其實小兒哮喘現在的定義很明確，反覆 3 次以上、有家族病史、肺功能檢測異常、接觸過敏原後容易觸發、有明顯的季節性、運動後加重等，家長們作為非專業人員，可以理解為孩童反覆咳嗽伴有哮喘就可以了。目前診斷和治療有些過度。其實真正典型的小兒支氣管哮喘並不多，不要輕易地早早就替孩子扣上哮喘的「帽子」！

（2）引起哮喘的發病原因：比如咳喘反覆發作，發作次數頻繁，進一步破壞免疫平衡。用藥太多、太雜、太久也會進一步加重免疫失衡。經常咳嗽、反覆氣管炎、反覆肺炎，特別是反覆毛細支氣管肺炎的孩童成為典型哮喘的可能性會增加。

(3)哮喘的治療：哮喘應該採取分期治療的原則。

發作期：應該中西藥並舉，西藥為主，配合中藥更有助於控制病情、縮短病程，也有助於提升西藥的療效。向大家推薦一個中藥小處方：紫蘇葉8克、桔梗8克、黃芩8克、薑半夏8克、射干8克、白前8克、紫菀8克、蟬蛻10克、炒紫蘇子10克、炒萊菔子10克、生牽牛子6克、生甘草6克。煎服方法與本篇治療感冒的中藥煎服方法相同。

緩解期：即病剛好，不怎麼喘了，也相當於病後期。此期以中醫為主，應採取扶正祛邪的原則，調理免疫功能，防止復發。要點是飲食控制，預防食遺（因飲食控制不良而復發）。

未病期：就是哮喘未發病的時期，相當於亞健康狀態時期。此期主要是調理體質狀態，可以使用前面講的三個調理體質的茶飲方，一個是體質虛弱的、一個是內熱重的、一個是容易食積的。

病前期：相當於欲病期，就是哮喘快要發作了，或者是遇到一些誘發哮喘的因素了，比如感冒、食積、過敏，這些情況往往表示哮喘可能快要發作了。這時候用中藥扶正祛邪，發揮輔助正氣、阻止邪氣發展的作用。主要適合以下情況：

- 有明顯的飲食不節病史，如吃煎炸食物或肉類等太多。
- 有感冒的早期症狀，如鼻塞、噴嚏、流鼻涕，接下來可能會出現咳嗽喘息的症狀。
- 當出現一些呼吸道症狀時，比如喉嚨不舒服，總是清喉嚨，年紀大的孩子可能會說自己胸悶喘不上氣，呼吸粗重，孩子深呼氣或深吸氣時可以聽到比較明顯的喘鳴音，表示早期發病了。
- 怎麼控制哮喘的發作呢？向大家推薦一個中藥小處方：生黃耆10克、桔梗8克、黃芩8克、薑半夏8克、檳榔8克、炒萊菔子10克、射干8克、炒紫蘇子10克、蒼朮8克、蟬蛻8克、桑白皮8克、生甘草6克。煎服方法與本篇治療感冒的中藥煎服方法相同。

(4)哮喘病童的調養：實際上哮喘的調養護理非常重要，調養護理要注意幾個原則：一是飲食要減少煎炸食物，不吃冷食；二是讓孩子適度運動和晒日光浴，特別是秋冬季節晒太陽有助於增強免疫力；三是每年的秋末到春初這段時間幫孩子預防性地調理身體；四是冬病夏治。小兒哮喘秋冬季節容易發作，在夏季的時候幫孩子調理體質，會減少冬天發作的頻率。「冬病夏治」不一定是單純的貼敷，調理身體內部更重要。

8. 兒童鼻炎

（1）什麼是兒童鼻炎：兒童鼻炎簡單來講，就是由病毒、細菌或者過敏物質造成的鼻腔黏膜充血、水腫、分泌物增多的症狀。鼻炎分很多種，通常有過敏性鼻炎、藥物性鼻炎、萎縮性鼻炎等。鼻炎又可分為急性鼻炎和慢性鼻炎。中醫叫鼻窒。中醫認為是正氣不足，外邪侵犯所造成的肺竅不利。

（2）兒童鼻炎的表現：孩子得了鼻炎會出現單側或者雙側鼻子不通、流鼻涕、鼻子癢、打噴嚏，這些症狀交替發作。鼻炎會影響呼吸，孩子往往會張嘴呼吸，這又會造成喉嚨乾、嘴唇乾。長期張口呼吸又可能造成嘴唇增厚、鼻甲肥厚。鼻炎還會影響進食，導致食慾下降、孩子哭鬧、晚上睡覺不安穩，嬰兒更是如此。大孩子患有鼻炎可能會使注意力無法集中、記憶力下降，甚至頭痛、頭昏、疲勞，從而影響學習。鼻炎多發生於秋季、冬季和春季，夏季少一些。

（3）鼻炎的危害：反覆長期的鼻炎可能引起鼻竇炎、中耳炎、喉炎、氣管炎、鼻前庭潰瘍。鼻前庭潰瘍就是孩子的鼻腔以及鼻孔下面潰爛。

慢性鼻炎多是由長時間急性鼻炎反覆發作而形成的。慢性鼻炎通常會造成孩子嗅覺下降。

藥物性鼻炎是因為長時間使用一些藥物，損傷了鼻腔黏膜，或者是因為手術，各種外治方法使用不當，損傷了鼻黏

膜所造成,所以說我們在治療鼻炎時,要及時且不能過度,特別是一些創傷性的治療,因為孩子的鼻黏膜比較柔嫩,特別容易受到傷害。

過敏性鼻炎,這是由於免疫力過於亢奮,孩子接觸到一些過敏原或吃一些過敏食物就容易發生鼻炎,通常有過敏史或家長有過敏史的孩子更容易發生,表示過敏性鼻炎有一定的遺傳傾向。

萎縮性鼻炎,鼻腔分泌物相當臭穢,會有惡臭氣味。分泌物黏稠結痂,或有少量血絲,嗅覺也會明顯下降。萎縮性鼻炎多是慢性鼻炎發展而來,也可能是因為用藥治療不當。比如孩子時常鼻塞不通,經常滴些收縮血管的藥物,造成孩子鼻黏膜供血不足,久而久之鼻黏膜萎縮發展成萎縮性鼻炎,這樣一來治療難度會大大增加,病程也會更長。

(4)兒童鼻炎的處理方法:兒童鼻炎的處理原則是增強體質,重建免疫平衡,慎用對症處理的方法。即增強孩子體質,恢復孩子的免疫平衡,針對鼻腔做對症處理,特別是外治的方法要慎重,藥物也不可以過度使用。

◆ 「三多三少」處理原則:

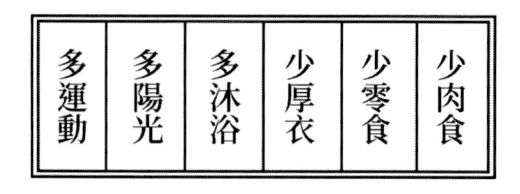

多運動	多陽光	多沐浴	少厚衣	少零食	少肉食

處理方法：

- 冷水浴法，多做冷水面浴，就是用冷水洗臉。可配合熱水足浴。簡單來說就是冷水洗臉、熱水泡腳。從夏天開始逐步適應，一直持續到整個冬天。
- 經常揉按兩側鼻翼旁邊的迎香穴，雙手經常揉搓臉頰。
- 口鼻常吸熱水蒸氣，特別是大孩子更適合，但要避免燙傷。
- 外用滴鼻，可以用本書附錄中「處方 12」，每側鼻孔 2～4 滴，每天 3～4 次。
- 調理孩子的體質狀態，主要是調理孩子常見的氣虛體、陽虛體、過敏體，因為這三種體質最好發兒童鼻炎。
- 向大家推薦一個中藥小處方：蒼朮 8 克、薑半夏 8 克、蟬蛻 6 克、射干 8 克、生黃耆 10 克、生薏仁 10 克、黃芩 8 克、生甘草 6 克。氣虛體的孩子，加炒白扁豆 8 克、炒白朮 8 克。陽虛體的孩子，加桂枝 6 克、乾薑 5 克。過敏體的孩子，加車前子 10 克、紫蘇葉 8 克。大便經常乾結的孩子，加生大黃 3 克，枳殼 8 克。煎服方法與本篇治療感冒的中藥煎服方法相同。

9. 小兒積滯

(1) 什麼是小兒積滯：小兒積滯是病，也是病因，有時也作為一個症狀。作為一個症狀通常叫食積。作為病因，很多

疾病是因為食積造成的。作為疾病，就是小兒積滯病，是由於飲食停滯不化而引起的一系列症狀。小兒積滯也是一種身體狀態，叫積滯體質，是不屬於疾病也不屬於健康的亞健康狀態，主要問題集中在腸胃上。

（2）小兒積滯的表現：不好好吃飯、吃得少，食慾不振、胃口差，或者吃得還可以，但是消化不了，常常還會伴有腹脹、口臭、嘔吐、舌苔厚、大便酸臭或大便有太多未消化食物殘渣，睡覺不安穩、夜驚、哭鬧、頻繁磨牙、肚子痛、情緒不好等，這些症狀都可能是由積滯所引起。

（3）小兒積滯的危害：一是會影響消化吸收功能，造成孩子脾胃方面疾病的增加，積滯本身就是個病；二是作為病因，還可以引起嘔吐、腹瀉、夜啼、腹痛這些疾病；三是積滯容易引起感冒，孩子一旦食積了會比平時更容易得到感冒、流感以及傳染性疾病，如手足口病、疱疹性咽峽炎、水痘、猩紅熱、腮腺炎等，這些傳染性疾病在孩子食積狀態下更容易被傳染，所以在傳染性疾病的好發季節要避免孩子食積；四是食積了容易誘發咳嗽、扁桃腺炎、肺炎、哮喘、鼻炎，這些肺系疾病在食積狀態更容易復發，反過來講就是經常患有這些病的孩子要注意飲食控制；五是食積的孩子容易引起發燒。

另外，食熱證的孩子在發燒過程中白血球會升高。常常有家長問筆者，孩子因食積導致的發燒，要不要用抗生素呢？答案是不建議使用抗生素！因為食積的孩子實驗室檢驗

(抽血檢驗)白血球往往增加,但這種增加和傳統的細菌感染是不一樣的,這種白血球增加是食積造成的,不是感染某些細菌所導致。積滯引起的發燒在臨床比較常見,我們要注意有三大訊號,一旦出現了,預告孩子離發燒就不遠了。若是早發現、早調理,就會避免這種積滯發燒。

哪三大訊號呢?一是腹脹,拍拍孩子肚子是不是特別脹,尤其是早上起來更明顯;二是看看舌苔是不是又厚、又膩、又白,舌苔厚也是食積的重要訊號;三是孩子前一天是不是有飲食不當的情況,比如到外面吃飯,吃過多不太容易消化的東西,或吃太多零食,再回憶一下晚上是不是睡不安穩,早上起來聞聞孩子的口氣臭不臭。如果出現了三大訊號,那麼孩子可能快食積發燒了。

經常反覆食積,長久下來會影響到孩子的成長發育,如長得瘦、長得慢,甚至大一點的女孩子會出現內分泌紊亂、月經不調。

(4) 小兒積滯的原因:

- 飲食不節。包括不規律、不適量、不合理。不規律就是不定時;不適量就是過多過雜;不合理就是經常強餵孩子、挑食嚴重、流質飲食太多、斷奶太晚或副食品添加不及時等。孩子的腸胃特別脆弱,稍微飲食不當就容易積滯。

- 運動不夠，睡眠不夠。二者都會影響到孩子的腸胃功能，這在第二個關卡中的「睡好，玩好」裡已有談論。總之就是沒有做到「睡好」和「玩好」。
- 情緒原因。經常被責罵，學習壓力比較大；家庭不和睦、多愁善感的孩子，腸胃功能往往也不好、容易食積。
- 藥物原因。經常吃藥，比如抗生素和一些苦寒類清熱瀉火的藥物，久而久之傷及腸胃，容易積滯。
- 某些疾病造成。疾病本身可能傷及腸胃，疾病之後又缺乏調理康復，久而久之損傷腸胃功能，容易積滯。

(5)小兒積滯的處理方法：一是要避開上面提到容易引起積滯的病因；二是做好「第二個關卡」中的怎麼「吃好」；三是平時經常積滯的孩子可以用些「食積消化茶飲方」調理孩子的積滯體質。

向大家推薦一個中藥小處方：蒼朮8克、檳榔8克、茯苓8克、炒萊菔子10克、黃芩8克、生梔子8克、炒紫蘇子6克、枳殼8克。胃口差、食慾特別不好者，加炒麥芽10克、炒白扁豆8克。腹脹明顯者，加生大黃3克、陳皮8克。發燒者，加生大黃3克、連翹8克。夜眠不安者，加蟬蛻6克、薑半夏8克。大便乾結者，加生大黃3克、厚朴8克。兼有感冒者，加藿香8克、連翹8克。兼有咳嗽者，加桑白皮8克、炙枇杷葉8克。兼有扁桃腺腫大者，加射干8克、

生薏仁 10 克。煎服方法與本篇治療感冒的中藥煎服方法相同。另外，也可以用這個小處方煎煮後泡澡、沐足。

10. 兒童厭食

（1）什麼是兒童厭食：又稱納呆、食慾不振、不思飲食。主要是指孩子長期食慾不振，對吃飯不感興趣。重點是長期！如果只是偶爾一、兩天食慾不怎麼好，不能診斷為厭食。

（2）兒童厭食的表現：一是長時間不愛吃飯，誇張來說就是「吃飯比吃藥還難」，吃飯特別慢，對各種食物都不感興趣；二是只喜歡吃某單一食物，也就是偏食，偏食也屬於厭食；三是吃大量零食，不愛吃飯；四是常常在吃飯的時候乾嘔或者情緒憂鬱，甚至一吃飯就肚子不舒服，一吃飯就這裡痛或那裡痛。

（3）兒童厭食的發病原因：一是不良的飲食習慣是導致厭食的主要原因，比如吃飯不規律、勉強餵食、偏食嚴重、葷素搭配不合理、太晚加入副食品、副食品不合理、吃太多零食與甜食、吃飯次數太多、腸胃「工作與休息」不規律，詳細內容可以參考「孩子成長的第二個關卡」中的相關內容；二是先天不足，父母的腸胃功能不好，孩子的腸胃功能也差，或者是很小的時候，通常指 1 歲以前餵養不當，腸胃功能比較差；三是情志因素，經常強迫進食、責罵、家庭不和睦，詳細內容可以參考「孩子成長的第二個關卡」中愉悅用餐相關內

容；四是睡眠不足，睡眠時間經常不夠，或睡眠品質不佳，或睡眠不規律，比如晝睡夜醒；五是運動不足，孩子太過喜靜，缺乏有氧運動，腸胃功能也弱，久而久之食慾不振；六是某些疾病和藥物的影響，許多疾病都會影響孩子的消化功能，疾病或藥物傷及腸胃，如抗生素、苦寒類中藥等。疾病經治療雖痊癒，但沒有調理脾胃功能，孩子的脾胃功能並沒有完全康復，長久下來形成厭食。

（4）兒童厭食的危害：

◆ 影響孩子成長，甚至影響發育，表現為身高、體重增加緩慢。
◆ 能量儲備不足，孩子容易疲倦，長大了體力下降，甚至影響學習、注意力不集中。
◆ 厭食與肝脾密切相關，長時間厭食導致肝氣不疏暢，影響情緒，或急躁易怒，或情緒低落，或無精打采。
◆ 影響免疫平衡，一是免疫力低，容易感冒有得病；二是某種免疫力過度亢奮，容易過敏。

（5）厭食的處理方法：

◆ 詳細內容可以參考「孩子成長的第二個關卡」中的「吃好」。怎樣讓孩子吃好的道理很簡單，選擇「飢不擇食」的方法慢慢訓練孩子。同時，還要確保吃飯時的心情愉悅。

- 改善或改變上面導致厭食的因素，避開並去除不利飲食的因素。
- 輕微的厭食可以用本書附錄中的「處方 1」。
- 向大家推薦一個中藥小處方：蒼朮 8 克、炒白朮 8 克、炒白扁豆 8 克、黃芩 8 克、連翹 8 克、焦神曲 10 克、炒牽牛子 6 克，也可以加炒麥芽 10 克、炒萊菔子 10 克，加強消化的力量。大便乾結者加生大黃 3 克。另外還可用本書附錄中的「處方 14」且長期食用。

11. 兒童腹瀉

(1) 什麼是兒童腹瀉：是指孩童的大便次數增加，大便稀薄，簡單來說就是小孩拉肚子了。腹瀉屬於現代醫學的疾病名稱，中醫叫泄瀉。腹瀉有感染性腹瀉，如吃了不乾淨的食物引起的細菌性腸炎、痢疾等，感冒、肺炎等肺系疾病也可能伴隨出現腹瀉症狀。非感染性腹瀉多由飲食不節制、消化不良引起，也就是吃太多、腹部著涼，或吃涼的東西所導致。

(2) 兒童腹瀉的危害：

- 腹瀉會引起腹痛、嘔吐，反覆腹瀉會影響營養物質的消化吸收，進而影響成長。
- 腹瀉可能引起脫水、電解質紊亂。什麼症狀表示脫水呢？若是小孩腹瀉量大、次數又多就很容易引起脫水。

如果出現了尿少、口渴、嘴唇乾燥、眼窩凹陷、前囟門凹陷、皮膚彈性差、精神差等現象，很可能就是脫水了，要及時到醫院，盡快補充水和電解質。

◆ 長久腹瀉會影響免疫力，造成日後容易生病。
◆ 嚴重的感染性腹瀉，如果未及時控制可能造成嚴重的併發症甚至死亡，如中毒性痢疾。

(3)兒童腹瀉處理方法：感染性腹瀉要請醫生診治。非感染性腹瀉可以在家嘗試下面的方法。

◆ 對於吃太多引起的腹瀉，首先要適當控制飲食，少吃一點，可以吃些粥、麵、軟米飯等容易消化的食物。
◆ 按摩一下肚子，通常順時針3次、逆時針1次，反覆多次，有助於孩子的消化功能。
◆ 多讓孩子喝加有小蘇打的粥，煮得黏稠一點、熱一點，可以不限量地讓孩子吃。一是粥本身可以止瀉；二是補充水和電解質，改善輕度脫水。
◆ 多讓孩子喝淡鹽水或改善預防脫水的藥物，藥局很容易買到。
◆ 讓孩子吃一些助消化的藥物，如酵母片、乳酸菌、綜合維生素B，及消食的中成藥。
◆ 頻服本書附錄中的「處方1」。
◆ 盡量不用止瀉的藥物，尤其是感染性腹瀉，如果用了止

瀉的藥物，腸道的細菌不容易排出，「閉門留寇」，反而加重病情變化。過早使用止瀉藥也會使腸胃中未消化的食物累積發酵，容易形成腹脹，儘管腹瀉暫時好轉了，但不會完全治癒。

- 對於腹部著涼，就是肚子著涼所引發的腹瀉，可以將粗鹽炒熱後熱敷肚子，以肚臍為中心，每天 2～3 次。
- 除了感染性腹瀉外，不要隨意使用抗生素，以免影響腸道正常菌群，使腹瀉更不容易治癒。

(4) 嬰兒腹瀉的注意點：通常嬰兒腹瀉，特別是 6 個月以內嬰兒的腹瀉不容易治癒。儘管如此，我們也不要過度治療。推薦一些家庭可以掌握的治療方法。

- 可以將粗鹽炒熱後幫孩子熱敷肚子，以肚臍為中心，每天 2～3 次。
- 向大家推薦一個中藥小處方：可用本書附錄中的「處方 16」加葛根 12 克、白茅根 15 克、神曲 10 克、藿香 10 克，沖水，每天分 3 次服。也可以將這個藥方煎煮後少量頻服。
- 煮山藥粉粥讓孩子吃，每天 1～2 次。
- 對於已經在吃副食品的孩子可用本書附錄中的「處方 14」，同時可以在粥裡面加點芡實（芡實不易煮爛，可以將芡實先用涼水浸泡 4 小時以上，過濾多餘的水，然後

再將充分泡透的芡實放在冷凍庫一個晚上)。
- 許多嬰兒的腹瀉會被診斷為生理性腹瀉，這樣並不準確。腹瀉有時候不影響孩子進食，甚至短時間內也不影響體重增加，但是長期腹瀉會顯著影響孩子的免疫功能。

(5) 食物不耐受性腹瀉：是指有些孩子長時間腹瀉不好，醫生認為是對牛奶或其他食物無耐受性，讓孩子改食用水解奶粉，限制某種食物的攝取。筆者的觀點是，不要隨意地診斷為食物不耐受性腹瀉，因為兒童腹瀉有多種原因，及時透過調理脾胃往往都能解決問題，隨意限制飲食會影響孩子的營養均衡。

(6) 母乳性腹瀉：真正的母乳性腹瀉很少。母乳性腹瀉指的是孩子可能對母乳的某種成分過敏，吃了母乳容易腹瀉，但是目前母乳性腹瀉診斷過於籠統，過早斷母乳，日後會影響孩子的免疫功能。臨床中發現有許多喝母乳時間不夠的孩子更容易生病。

(7) 吃得多、拉得多的腹瀉：這種腹瀉的特點是吃得多、拉得也多，不太能長胖，多是飯後即去拉，水果吃多了也容易拉。以中醫來講這與「脾腎陽虛」有關，現代醫學叫功能性消化不良。這種腹瀉的孩子吃得很多，食物不能充分地消化吸收，進一步加重腸胃的負擔，導致越吃腸胃越受不了，脾

胃越虛弱拉得越多，從而形成惡性循環。建議家長用下面的方法進行家庭處理。

- 讓孩子吃熱、軟的食物，多喝粥，因為粥養胃，水果不宜吃太多。
- 向大家推薦一個中藥小處方：太子參 8 克、炒白朮 8 克、炒白扁豆 8 克、茯苓 10 克、葛根 10 克、黃芩 8 克、炮薑 6 克、木香 10 克、車前子 10 克、補骨脂 8 克、陳皮 8 克、生甘草 6 克。煎服方法見本書附錄中的「煎煮和用法 2」。
- 用熱敷鹽袋敷孩子的肚子，每天 1～3 次，持續一段時間。

12. 小兒腹痛

（1）什麼是小兒腹痛：小兒腹痛是一個中醫病名，白話地說就是肚子痛。主要表現是腹部間斷性疼痛，通常疼痛比較輕，可自行緩解，很少有疼痛比較嚴重的。疼痛的部位以肚臍周圍為主，其次是上腹部，就是肚臍的上面，或者是左下腹部疼痛。這裡和大家聊的小兒腹痛，排除了引起腹痛的嚴重疾病，如闌尾炎、腸套疊等。

（2）嚴重疾病的腹痛：

闌尾炎。闌尾炎的疼痛感比較強烈，而且不容易緩解，常常伴有嘔吐、發燒。通常疼痛的部位在右下腹部，而且右

下腹有明顯的壓痛和反彈痛，按壓右下腹部有明顯疼痛，壓下去的手猛然抬起時疼痛感會更強烈，這就叫反彈痛。

- 腸套疊。兒童腸套疊的疼痛感也比較強烈，小孩子往往表現為突然哭鬧，可伴有嘔吐，腹部隱隱可以摸到一個像臘腸或杯口一樣的腫塊，到後期會看見像蘋果醬顏色的大便。
- 腸炎或者痢疾的腹痛。其疼痛往往持續時間比較長，可以伴有大便稀、黏液狀大便、膿血便，常會發燒。

家長們一定要會辨別上面這些腹痛的早期訊號，若孩子出現上述症狀，要立即去醫院，請專業醫生診治。

(3) 小兒腹痛處理方法：在排除上面嚴重疾病的腹痛後，可以採取下面的措施。

- 因為飲食不節而造成的功能性腹痛，只要注意節制飲食，別吃得太多，再讓孩子吃些前面講的助消化藥物，按摩腹部，一般腹痛都能有所緩解。
- 腹部著涼或吃涼的食物引起的腹痛，多喝熱湯、熱水，用熱敷鹽袋敷敷肚臍周圍大多也能緩解。
- 經常大便乾結的孩子，用吹風機熱風吹一下孩子的腹部，並反覆按摩腹部，刺激腸道的蠕動，也可暫時用浣腸擠入肛門，促使排便。

- 向大家推薦一個中藥小處方：蒼朮8克、炒白扁豆8克、炒萊菔子10克、木香10克、炒牽牛子5克、枳殼8克、炒白芍6克、生甘草6克。煎服方法見本書附錄中的「煎煮和用法2」，每週3〜4劑。

(4)小兒腹痛的常見問題：

- 小兒腹痛是肚子裡有蟲嗎？很多情況下不是寄生蟲的問題，很可能是因為飲食不節制或腹部著涼了，只要按照上述方法處理就可以了。
- 小兒腹痛是腸繫膜淋巴腺發炎引起的嗎？小兒腹痛的時候一般會做腹部超音波檢查，通常檢查結果會顯示「腸繫膜淋巴腺炎」，正常情況下腸繫膜淋巴腺在孩童成長的過程中會稍微大一點，不建議小兒腹痛過度診斷為腸繫膜淋巴腺炎。腸道功能紊亂從而引起淋巴腺發炎，是腸胃功能異常的問題，不宜按腸繫膜淋巴腺炎去處理。
- 孩子腹痛是裝出來的嗎？有時候家長會說：「孩子總是說肚子痛，一下子又好了，也不知道是真是假，不管又怕耽誤了。」其實多數疼痛是真的，除非孩子總是在某些特定情況下才說腹痛，比如不想去幼兒園、不想上學或不想吃飯等。
- 小兒腹痛能吃止痛藥嗎？最好是不吃止痛藥，止痛藥會掩蓋症狀更容易造成誤診，只要疼痛感不強烈就不要輕易用止痛藥，如果用也應該在醫生的指示下服用。

- 小兒腹痛會是癲癇嗎？醫生說孩子腹痛可能是得了癲癇，這是有可能的！有些孩子的癲癇發作會以腹痛為主要症狀，如果懷疑是癲癇，及時做個腦電圖就可以準確診斷了，這種癲癇其實很少。

總之，小兒腹痛應注意飲食控制，腹部注意保暖，輕症腹痛一般無須特別治療，配上中藥小處方調理一下腸胃就解決問題了。

13. 兒童便祕

(1)什麼是兒童便祕：就是指孩童的大便乾結如球狀，或者大便雖不乾結，但是顏色深，數天 1 次。或者大便雖然還未成形，但只要是好多天 1 次，仍然應該歸類為便祕。兒童便祕可以見於各個年齡層。

(2)兒童便祕的危害：

- 便祕可能造成孩子內熱重，時間長了形成熱盛體，甚至肝火體，也會引起過敏體。
- 便祕影響孩子的食慾，長時間會造成積滯，使孩子成長緩慢。
- 便祕可能引起或者誘發多種疾病，比如感冒、扁桃腺炎、咳嗽、鼻炎、麥粒腫、口腔潰瘍、唇炎等，這些疾病都跟長時間便祕有直接或間接的關係。

- 便祕可能引起很許多過敏性疾病，最常見的有過敏性鼻炎、蕁麻疹、溼疹。
- 便祕日久可能引起孩童皮膚粗糙、搔癢，及皮膚的過敏反應。
- 便祕會影響孩子的睡眠，造成夜眠不安、夜驚、易醒。
- 便祕日久可能引起孩童痔瘡、肛裂、脫肛、疝氣。
- 便祕可能引起腹痛、鼻衄等。
- 長期便祕可能導致急躁易怒，也可能引發抽動症、過動症。

(3) 兒童便祕的發病原因：

- 飲食因素。飲食不節是引起兒童便祕的主要原因。如過度地食用煎炸、膨化食物，飲水太少，肉類和奶類食物吃太多，粗糧、蔬菜、水果吃得太少，食物太過精細。
- 運動不夠，多靜少動。運動量太少，腸道的肌肉發育不佳，蠕動功能較弱。
- 過度使用抗生素，影響腸道功能。腸道正常菌群受到干擾也會引起便祕。
- 環境改變。生活環境突然改變，小孩子排便習慣受到干擾，也容易引起便祕。如外出或者剛剛上幼兒園時期。

(4)兒童便祕的處理方法：

- 調節飲食習慣。避免上述的不良飲食習慣，應在餐後吃水果。
- 多做戶外運動。通常飯後 1 小時左右，讓孩子去戶外運動一下，有利於腸道蠕動。
- 吃些具有通便作用的食物。如胡蘿蔔、萵筍、蘑菇、木耳、絲瓜、荸薺、南瓜、蕃薯、玉米粥、小米粥、梨、香蕉、西瓜等，這些食物家長們可以經常讓孩子適量食用。
- 摩腹法。反覆按順時針 3 次、逆時針 1 次的方法，輕揉腹部，刺激孩子腸道蠕動。
- 熱敷法。用熱敷鹽袋或熱水袋時常敷敷孩子的腹部，或者腹部墊個毛巾，用吹風機順時針吹熱腹部。
- 坐浴法。用適度熱水讓孩子經常坐浴，刺激腸道蠕動，利於排便。
- 向大家推薦一個中藥小處方：蒼朮 8 克、枳殼 8 克、黃芩 8 克、炒萊菔子 10 克、生地黃 10 克、生大黃 3 克、焦神曲 10 克、生白芍 8 克。煎服方法見本書附錄中的「煎煮和用法 2」。

14. 小兒口瘡

（1）什麼是小兒口瘡：口語來說就是口腔發炎、長瘡了，是指孩子的口腔黏膜或者舌面、口角、嘴唇等發生潰爛。經常或反覆不癒合的口瘡又稱復發性口瘡。新生兒或嬰兒口腔有白色膜狀物附著在口腔黏膜、舌面、嘴唇內側，西醫稱為急性假膜型念珠菌性口炎，中醫叫鵝口瘡、雪口。

（2）口腔潰瘍的危害：口腔潰瘍影響孩子的哺乳、進食，疼痛可以引起孩子哭鬧、口水增加，甚至影響孩子的睡眠，嚴重的可能引起發燒。

（3）口瘡的發病原因：

- 食積、大便乾結、內熱重的孩子容易出現口瘡。
- 過度使用抗生素，經常使用消炎藥，抑制口腔正常菌群，容易導致口瘡，特別是急性假膜型念珠菌性口炎。
- 各種原因造成的孩子免疫力低下，是引起口瘡的重要原因，尤其是反覆口瘡。
- 經常吃膨化、煎炸、乾果、酸性食物的孩子容易出現口瘡。
- 某些疾病可伴隨口腔潰瘍，比如疱疹性咽峽炎、手足口病、流行性感冒。治好這些疾病，口瘡也就好了。

(4) 口腔潰瘍處理方法：

- 應避免食用上面提到的食物。
- 多讓孩子喝些加有小蘇打的粥，多吃蔬菜、水果。
- 也可以補充些維生素 C、綜合維生素 B 以及腸道的益生菌類藥物，比如乳酸菌等。儘管小兒口瘡不一定都是缺乏維生素所造成的，但是補充維生素有助於口瘡的癒合。疳證、營養不良的孩子發生口腔潰瘍往往和缺乏維生素有關，應該及時補充維生素。
- 用 5% 的小蘇打塗抹，每天 3 次。
- 若是急性假膜型念珠菌性口炎，可以將耐絲菌片壓成細末，加入適量的純淨水，用棉花棒塗抹口腔潰瘍處，每天 2～3 次。
- 向大家推薦一個中藥小處方：生薏仁 10 克、茯苓 10 克、黃芩 8 克、生梔子 8 克、生牽牛子 6 克、車前子 10 克、焦神曲 10 克、檳榔 8 克。煎服方法見本書附錄中的「煎煮和用法 2」。特別是反覆口瘡的孩子，每週服 3～4 劑，可以有效地預防口瘡復發。

15. 小兒異食症

(1) 什麼是小兒異食症：也叫異食癖，就是小兒吃東西出現特殊的嗜好，對不應該吃的東西出現了難以控制的咀嚼和

吞食現象。常見於 1～5 歲的嬰幼兒，但是近些年異食症在小學生、國中生，甚至高中生中也會見到。

(2) 小兒異食症的表現：

- 最常見的有吃自己的手指甲或者腳趾甲。
- 吃頭髮，咀嚼衣服、被褥，啃食鉛筆、玩具等。
- 吃生米、生肉，過度喜歡吃鹹味、辣味、酸味食物也應該歸屬異食症的範疇。
- 有少部分孩子會吃菸蒂、土塊、煤渣，吸吮或咀嚼金屬物品等。

(3) 小兒異食症的發病原因：

- 精神因素，如精神緊張、壓力大、家庭不和、孩子經常受到責怪，這些不良的精神刺激會引起小兒異食症。
- 缺乏某些微量元素可能引起小兒異食症，比如缺鈣、缺鋅。但是要明確診斷，不能一有異食症就盲目地補充微量元素，微量元素少了不好，但是多了更不好。
- 腸道寄生蟲因素，可以定時檢驗孩子的大便是否有蟲卵，或 2 歲以後的孩子每 1～2 年預防性地服一次驅蟲藥。
- 長期的積滯、厭食、疳證可能引發異食現象。

(4) 小兒異食症的危害：

- 會造成部分孩子營養不良。
- 經常食用某些特殊的物質會造成中毒。
- 增加孩子的自卑心理。
- 影響學習。
- 可能引起腸道阻塞。比如說吃頭髮、棉花、菸蒂等，就可能導致腸道阻塞。

(5) 異食症的處理方法：

- 養成良好的飲食習慣，雖然簡單，但是卻很有效，我們應該遵循「孩子成長的第二個關卡」中「吃」的原則，不偏食、不強餵、不責罵。
- 建立良好的親子關係，減輕孩子的壓力，當孩子發生異食行為時，家長應該及時分散孩子的注意力，不要責怪，更不能打罵。
- 多進行戶外活動，豐富孩子的運動項目種類，顯著增加運動強度。
- 定期或不定期幫孩子驅驅蟲。
- 食療方面，多吃山藥、蓮子、百合、胡蘿蔔、芋頭、蓮藕、竹筍、蘑菇、木耳等。
- 向大家推薦一個中藥小處方：太子參 8 克、炒白朮 8 克、

青蒿8克、雞內金8克、茯苓10克、生龍骨12克、生地黃12克、炒牽牛子6克。煎服方法見本書附錄中的「煎煮和用法2」。每週3～4劑，4週為1個療程，可以進行1～3個療程。

◆ 撫觸、捏脊、推拿、摩腹、針灸四縫穴也有一定的效果。

16. 小兒唇炎

(1) 什麼是小兒唇炎：是指孩童上下嘴唇及周邊潮紅、粗糙、乾裂、搔癢、燒灼感、觸摸疼痛、結痂、腫脹，甚至糜爛。孩子經常用舌頭舔潤上下嘴唇，這種現象在中醫叫舔舌。唇炎往往會反覆發作，時輕時重，反覆發作時間久了可能造成唇部肥厚，影響容貌、進食以及語言困難。反覆發作越久治療難度就越大，所以說孩子得了唇炎要儘早治療。

(2) 小兒唇炎的發病原因：現代醫學認為小兒唇炎與免疫失衡有關。中醫認為是由於心脾積熱造成的，也就是內熱較重，特別是心熱、血熱、腸胃熱。與飲食不節制、睡眠不佳、濫用藥物有關。

(3) 小兒唇炎的處理方法：

◆ 控制飲食，飲食清淡，多喝粥、少煎炸食物、少肉類食物。

- 保持大便順暢，多喝水，保持小便清長不黃。
- 向大家推薦一個中藥小處方：生黃耆 10 克、生地黃 10 克、黃芩 8 克、生薏仁 10 克、青蒿 8 克、生大黃 3 克、車前子 10 克、桑白皮 8 克。煎服方法見書後附錄「煎煮和用法 2」。
- 向大家推薦一個中藥小處方：本書附錄中的「處方 12」，煎煮後外塗雙唇，每天 3～4 次。使用方法見本書附錄中的「煎煮和用法 3」。

17. 小兒中耳炎

(1) 中耳炎：是小兒常見的病症，通常指孩童的中耳腔發生炎症，而且炎症多數屬於化膿性。小兒中耳炎有急性和慢性的區別，急性中耳炎反覆發作就容易形成慢性中耳炎。

- 感冒可能併發中耳炎，也就是說上呼吸道感染容易引起中耳炎，這是從內感染。
- 從外感染，「髒東西」流到耳腔裡面，沒有及時清除，使耳腔感染，有時嬰兒吐奶後，順著臉頰流入耳腔，沒有及時發現清除也會引起中耳炎。
- 免疫力低下或者長期營養不良、貧血的孩子更容易發生中耳炎。

(2) 中耳炎的注意點：

- 患過急性中耳炎的孩子，應避免感冒，預防反覆發作，降低形成慢性中耳炎的機率。
- 患了急性中耳炎，應及時、快速地治癒，治癒後調理體質，防止復發或轉為慢性。
- 急性化膿性中耳炎是可以用抗生素的，但是不能濫用，避免對腸胃造成影響。
- 中耳炎可能引起乳突炎，就是乳突骨內也發炎。當孩子患有中耳炎，如果出現疼痛哭鬧得很嚴重或伴隨發燒，要及時請醫生診治。
- 中耳炎可能引起面部神經感染，從而導致顏面神經麻痺，出現眼歪嘴斜的情況。
- 中耳炎可能引起腦膜炎、腦內膿腫。當孩子患有中耳炎，如果出現發燒、嘔吐、頭痛或者神經方面的症狀，要及時診治。
- 使用中耳炎外用藥時，應及時更換用於外治的引流條或填塞物，避免留置太久，否則會加重感染。
- 對於上呼吸道感染引起的急性中耳炎，特別是非化膿性中耳炎，以治療上呼吸道感染為主，而不要把治療的重點完全放到耳腔。

18. 小兒疳證

(1)什麼是小兒疳證：是中醫的一個病名，是指孩童形體非常消瘦，肌肉流失、腹大青筋浮現、毛髮焦枯、面色萎黃、皮膚乾燥、精神不振等症狀，是中醫古代四大要證之一，比較難治療。相當於現代醫學的重度營養不良、慢性營養失調的範疇。在現代生活和醫療條件下仍然有不少孩子發病，應特別注意。

(2)小兒疳證的發病原因：

- 飲食不節制、偏食、搭配不合理，積滯、厭食長期調理不當，日久可能引起疳證。
- 外來感染因素。反覆的呼吸道感染或者長期的腹瀉傷及脾胃，久而久之，形成疳證。
- 病後失調。某些疾病之後缺乏調理康復，而形成疳證。
- 蟲證。長期的腸道寄生蟲，影響營養物質吸收，可能形成疳證。
- 藥物影響。長期使用抗生素，或經常用苦寒類中藥傷及腸胃引起疳證。
- 稍大的孩子長期情緒不佳。比如過度擔憂、精神壓力大，長期焦慮、憂鬱等也可能引起疳證。

(3) 小兒疳證的危害：

- 影響孩子成長發育，身高、體重都低於同齡孩子，甚至影響心理健康、智力發展。
- 免疫力下降，易得到感染性、傳染性疾病，換句話說，疳證的小孩子更容易生病。而且生了病難好、易反覆。
- 容易發生口腔、牙齦、皮膚、鼻腔、中耳等部位的潰瘍。
- 疳證容易引起難治性腹瀉、痢疾、浮腫、視力下降、貪食或異食症。
- 疳證可能導致孩童精神憂鬱或性格異常。

(4) 小兒疳證的處理方法：

- 調節飲食。詳細內容參考「孩子成長的第二個關卡」中的「吃好」。特別提醒清淡飲食相當重要，「甘淡養胃」，就是讓孩子多喝些粥，以米、麵食為主。堅持長期飲食調理是治療小兒疳證的重要方法，「山藥百合小米粥」可以長期食用。對善飢多食，就是吃得多、拉得多，不長肉的孩童適度限制飲食，避免腸胃負擔過重。不偏食、不重口味，避免「孩子成長的第二個關卡」中講的「七個過」。
- 增加戶外活動，讓孩子心情愉悅。

- 調理孩子的免疫平衡，減少肺系疾病的發生。
- 食療方面，常選用的食材有山藥、南瓜、小米、蓮子、百合、芡實、羊肉、海蝦、芋頭、炒薏仁、鯽魚湯等。
- 向大家推薦一個中藥小處方：炒白朮 8 克、太子參 8 克、葛根 10 克、青蒿 10 克、雞內金 6 克、炒白扁豆 8 克、煅龍骨 12 克、生地黃 10 克、焦三仙（焦神曲、焦山楂、焦麥芽）各 8 克、甘草 6 克。煎服方法見本書附錄中的「煎煮和用法 2」。可長期調理，也可以由專業醫師酌情加減變化。
- 推拿、捏脊方法也有效，但是注意推拿和捏脊的力度，不能太重，要力度柔和。

19. 兒童多汗

(1) 什麼是兒童多汗：是指孩童全身和某些部位出汗過多。孩童出汗通常比大人更多，只要不是過度，不需要視為疾病來診斷。如果比起平常，出汗明顯增加，或與同齡小朋友相比明顯較多，可視為疾病看待，需要進行介入。汗證有虛汗和實汗之分。

(2) 孩童出汗多的危害：過度地出汗會損耗孩子的陽氣和津液，使身體更虛弱。出汗過多也會使毛孔經常打開，增加風寒患感冒的機會。

(3) 晚上出汗和白天出汗的區別：中醫認為白天出汗多叫自汗，多是氣虛造成的。夜裡出汗多叫盜汗，多是陰虛造成的。但是，孩童與成人不同，通常不區分自汗與盜汗，把多汗統稱為汗證，孩子伴有其他明顯氣虛或陰虛症狀時，才區別診斷為自汗或盜汗。睡覺初期出汗稍多可見於大多數的孩子，以頭部或後背為主，如果沒有什麼明顯的陰虛症狀不需要治療。但是，內熱重、食積、大便乾的孩子也容易夜裡出汗。

(4) 虛汗和實汗的區別：虛汗是指因為身體虛弱出汗增加，多由於某些疾病後或孩子身體虛弱所引起。氣虛體和陽虛體的孩子容易出虛汗。實汗是因為內熱重才出汗多，通常見於大便乾、喜歡冷飲、常吃膨化和煎炸食物或多食肉類和奶類的孩子，飲食不當導致體內內熱重，容易出實汗。熱盛體、肝火體、積滯體的孩子容易出實汗。

(5) 兒童多汗的發病原因：有些孩子稍微活動就大汗淋漓，主要有兩個原因，一是大便乾結；二是穿得太厚。除了清熱消化外，在孩子剛開始運動時，就應該減少衣服。即使外界溫度低，只要風不大，就該提前減少衣服，讓孩子慢一點出汗。靜下後要及時將汗擦乾、穿衣避風。大部分汗證並不是因為缺鈣所造成的，缺鈣可能引起多汗，但是多汗並不全是因為缺鈣，家長讓孩子補鈣和補維生素 D 的時候要慎重。

(6) 汗證的處理方法：

- 虛汗食療法。可經常食用本書附錄中的「處方 14」。另外，多食用芡實、蓮子。也可用本書附錄中的「處方 2」進行調理。
- 實汗食療法。可用本書附錄中的「處方 15」或「處方 3」以及「處方 1」進行調理。

20. 小兒夜啼

(1) 什麼是小兒夜啼：是中醫的一種病名，指幼兒夜晚哭鬧，時哭時止，或整晚哭鬧，但是白天能安靜入睡，常見於 1 歲以下的小孩子。因為小孩子不會表達或者表達不準確，因此有什麼不舒服往往以哭鬧的形式表達。特別是晚上哭鬧，使家長不知所措。孩子哭鬧可能存在的問題可參考「孩子成長的第一個關卡」中的「哭」。

(2) 小兒夜啼的原因及處理方法：

- 食積。白天吃太多，特別是肉吃太多，食物消化不良，腸胃不舒服，引起哭鬧。處理方法：控制飲食，少吃並吃得清淡一點，再吃些助消化的藥物，很快就會好轉。也可用本書附錄中的「處方 1」。
- 內熱。孩子內熱重、出汗多、手足心發熱、喜吃冷飲。

孩子成長的第三關：防患未然，守護孩子的健康

內熱重，擾亂了孩子的心、神功能，引起夜啼。處理方法：讓孩子多喝水、多排尿，少吃肉類、奶類食物。可用附錄中的「內熱清解茶飲方」。

- 驚嚇。有明顯被嚇到的情況，因此夜晚出現哭鬧，常常伴有夜驚，哭鬧時呈現驚恐狀態，尋求大人擁抱。處理方法：讓孩子白天多做一些戶外活動，分散注意力，讓孩子消耗更多體力。向大家推薦一個中藥小處方：蟬蛻10克，每天水煎3次、服3次，每次煎煮5分鐘。

- 中寒。腹部著涼，就是肚子著涼或者涼的東西吃太多，腸胃受寒，引起腸胃痙攣，夜裡出現腹痛哭鬧。處理方法：用熱敷鹽袋幫孩子敷敷肚子，每天2～3次。也可腹部蓋上毛巾，用吹風機的熱風沿腹部順時針方向吹，每天2～3次。向大家推薦一個中藥小處方：艾葉8克、蟬蛻6克，加少量紅糖用水煎煮後讓孩子當水喝，每天2次。

- 缺鈣。幼兒缺鈣會經常夜哭，多見於嬰兒，秋冬季節好發，孩子少見陽光、營養不均衡或經常腹瀉影響鈣吸收，就容易發生夜啼。多伴隨夜晚顫慄、多汗、枕後環形脫髮等。處理方法：多晒太陽，補充維生素D、鈣質。如果是母乳餵養，母親也應當補充鈣質，這樣孩子很快就會好了。

總之，哭鬧是孩子不太舒服的一種表現，要密切觀察，避免一些嚴重疾病的誤診，如外傷、腸套疊、顱內出血、痢疾等疾病，一旦懷疑要及時請專業醫生診治。

21. 兒童鼻腔出血

(1)什麼是兒童鼻腔出血：通常表現為鼻腔一側或兩側出血，出血量或多或少，晚上出血量更多。如果是晚上出血，孩子會將血液吞嚥到胃裡，嘔吐物帶血或者大便色黑、檢驗後潛血陽性，這其實是鼻腔的血流到了胃腸道。

(2)兒童鼻腔出血的注意點：

◆ 兒童鼻腔出血多數是肺熱、胃熱或鼻炎引起的。像白血病、血小板減少性紫斑症、再生不良性貧血等嚴重疾病較少引起鼻腔出血。所以，孩子流鼻血家長不必緊張，做個常規驗血，排除嚴重疾病。

◆ 孩子一旦發生流鼻血，往往會短時間內反覆出血多次，這會導致家長很緊張。鼻腔是個有菌環境，癒合相對較慢，出血後結痂不牢固，因結痂鼻腔不舒服，孩子總有意無意地揉鼻子，導致反覆多次出血，所以只要每次出血量不大就沒問題。

◆ 孩子為什麼會鼻腔出血呢？一是內熱旺盛、大便乾的孩子容易流鼻血，平時讓孩子少吃易上火的膨化、煎炸食

物;二是反覆鼻炎的孩子容易流鼻血,因為鼻腔有炎症,會影響到鼻腔的微血管,鼻炎引起的鼻腔出血要及時治療鼻炎;三是食積引起的流鼻血,讓孩子少吃肉類、奶類食物,要注意葷素搭配。

- 兒童鼻腔出血如何處理?常用的外治方法是塞鼻子,填塞鼻腔時要注意,填塞物不要太多,否則會影響孩子呼吸,或導致孩子鼻腔不適而出現煩躁哭鬧,也不要塞太久,以免增加局部感染的風險。鼻腔偶爾出血做局部填塞就可以了,如果是反覆流鼻血就要從內治療了。

- 向大家推薦一個外治中藥小處方:可用紗布條或醫用棉球蘸少許的三七粉,輕輕塞入孩童出血的鼻腔,每次4~6小時,每天1~2次。許多藥局有多種三七製劑,如三七膠囊,可以把膠囊裡的三七粉倒出來用。

- 反覆發生鼻腔出血的孩子,應以內治為主。一是內熱旺盛者,用「內熱清解茶飲方」加白茅根12克、生地黃10克;二是大便乾者,用「內熱清解茶飲方」加生大黃3克、生白芍6克;三是食積者,用「食積消化茶飲方」加焦神曲8克、炒萊菔子8克。

- 若反覆出血、反覆發燒、貧血,並且發生得越來越頻繁,每次出血量也較大,應該及時到醫院診治,排除血液系統疾病,如白血病、再生不良性貧血等嚴重疾病。

22. 兒童過動症

（1）什麼是兒童過動症：也叫注意力缺陷過動症，是一種常見的兒童行為障礙症，孩子智力正常或基本正常。主要表現為動作過多、注意力不集中、情緒不穩定、衝動任性，有一定程度的學習困難，好發於 6～14 歲的孩子，學齡兒童發生率為 5%～10%，到青春期以後逐漸減輕或消失，有少數一部分成人會再發病。

（2）兒童過動症的發病原因：陰陽失調和某些體質狀態與兒童過動症有關聯。

- 先天原因、父母孕期疾病等因素可能影響孩子，導致先天不足，陰虛陽亢。
- 多食肉類、煎炸、膨化食物，燥熱內生，更容易發病。
- 運動不足，能量釋放不足，內熱比較重。
- 睡眠障礙，睡得少、睡眠品質差，或睡眠不規律，肝火旺盛。
- 食積，因為食積胃腸，鬱積化熱，內熱便乾，容易發病。
- 患疳證的孩子，脾虛肝旺，容易發病。
- 情志不遂、精神壓力大、過度緊張或過度溺愛容易發病。

(3)兒童過動症的處理方法:

- 避免上述相關影響因素。
- 保持足夠的睡眠時間、睡眠規律和好的睡眠品質。
- 飲食方面,不偏食,少肉類,增加蔬菜、水果,多食蓮子、百合。
- 增加運動,特別是增加戶外運動,增加運動是重要的治療方法,目的是將不自主運動被主動運動所替代,釋放孩子能量,增強體質。讓孩子少玩手機、少看電視、少打電玩。
- 不要責罵,保持孩子心情愉悅,舒緩孩子緊張情緒。
- 可以參考孩童偏頗體質的茶飲方,兒童過動症多集中在熱盛體、氣虛體、積滯體、肝火體這些偏頗體質之中。
- 儘管叫兒童過動症,仍然不建議將其作為疾病去診斷,更不建議給予太多藥物治療,調理身體狀態是積極的治療方法。

23. 兒童妥瑞氏症

(1)什麼是兒童妥瑞氏症:也叫抽動穢語症候群、衝動性肌痙攣。臨床表現為慢性、波動性、多發性運動肌抽搐,並不由自主發出聲響和語言障礙。好發於大孩子,男孩子發生率高於女孩子,約是女孩子的 3 倍。

(2)兒童妥瑞氏症的表現：主要症狀為某個部位肌肉群突然快速複雜地抽動，比如眨眼、斜眼、揚眉、張口、努嘴、縮鼻等怪相，還可能出現點頭、搖頭、斜頸、挺頸、扭脖、聳肩等現象。身體表現為挺胸、扭腰、腹肌抽動。四肢表現為搓手指、握拳、甩手、舉臂、踮腳、抖腿、步態異常等。聲響為喉中乾咳聲、清喉嚨、吼叫、啊啊聲、吭吭、喔喔、哼哼、噓噓聲或犬吠，也可能有穢語咒罵、隨地吐唾沫等行為，上述表現或多或少、或有或無、發無定時，情緒緊張時更容易發病。

發病的機制類似過動症，而妥瑞氏症的情緒因素影響更大。妥瑞氏症與過動症可能有部分臨床表現相似，也就是說過動症可能伴隨某些妥瑞氏症的臨床症狀，妥瑞氏症也可以伴隨某些過動症的臨床症狀。

(3)兒童妥瑞氏症的處理方法：可以參考過動症的原則和方法，值得注意的是，保持情志舒坦和增加運動在治療中尤為重要。

24. 兒童食物過敏

(1)什麼是兒童食物過敏：是指孩子吃了某些食物，甚至是接觸了某些食物，比如水果、蔬菜、魚蝦、肉類，出現過敏反應。如出現蕁麻疹、溼疹、皮膚搔癢、腹瀉、腹痛、嘔吐等現象。孩子對某種食物有過敏反應，可能在食入過敏食

物後很快就出現，也可能相隔數小時，甚至數十小時之後出現，當孩子出現過敏反應時，要回憶一下最近吃過或接觸過什麼食物，以便釐清過敏原。

（2）食物過敏的發病原因：食物過敏是因為對食物中的某些成分出現免疫反應，是體內的免疫平衡出了問題。在中醫看來，多數是脾胃功能出了問題，脾胃的消化功能異常。中醫治療兒童食物過敏，主要是調理脾胃，一旦脾胃調和，免疫系統也就回歸平衡，過敏反應便隨之消失。

（3）孩子回老家就食物過敏的原因：「一方水土養一方人」，孩子長期在居住地生活，適應了家裡的食物特點，去了外地，特別是地區跨度比較大的地方，吃了平時很少吃的食物，比如海鮮、熱帶水果，或其他地方特色小吃等，就很容易出現過敏。所以帶孩子回老家、去外地時，要注意讓孩子吃的東西盡可能保持平時的飲食習慣，即使要吃不習慣的食物，也應該少量逐步適應。當然，多數免疫功能好的孩子很少會出現食物過敏現象。

（4）吃同一種食物有時過敏，有時不過敏的原因：孩子對某種食物常常有時吃了過敏，有時吃了卻沒有過敏，是讓孩子吃還是不吃呢？如這次吃了芒果沒過敏，下次吃了出現過敏反應，芒果還是原來的芒果，而孩子此時的身體狀態已經發生變化，不是過去的狀態了。對孩子來講，很可能是脾胃

在這個時候的運化功能不佳,所以這次才出現過敏反應。調理脾胃功能是解決問題的關鍵。

(5)孩子食物過敏的處理方法:孩子對某些食物過敏,一查過敏原,說是牛奶、魚、蝦過敏,醫生要求禁食,讓孩子這也不能吃,那也不能吃!其實,食物過敏是孩子自身免疫的問題,不能責怪於食物。過敏原檢測的結果僅僅是為了當孩子吃某些食物後,我們要留意過敏反應的參考,不能以此判定孩子對某種食物過敏,即使真的過敏,也是身體本身的問題。比如孩子吃雞蛋過敏,總不能怨雞蛋吧!所以,只要不是很嚴重的過敏反應,通常是不贊同禁食!可以讓孩子少吃,逐步讓身體適應,若是出現過敏反應,就暫時不吃,等過敏反應消退了再吃,反覆吃吃停停,很多過敏現象就慢慢消失了。完全禁食並不利於身體免疫系統再次自行平衡,甚至造成更多食物過敏。如果孩子查到過敏原是對牛奶過敏,醫生指示換喝水解奶粉,筆者的建議是不要輕易喝水解奶粉!臨床中長期喝水解奶粉的孩子的成長,還是不如喝非水解奶粉的孩子,即使喝普通奶粉的孩子容易發生腹瀉,也應治療孩子的腸胃,使孩子吃普通奶粉後不再發生腹瀉,而不是完全迴避。對奶粉過敏的孩子,調理脾胃是關鍵。

推薦一些調理脾胃功能的藥物:①乳酸菌、綜合維生素B、維生素C。②兒童助消化口服液。③大便不乾者,參苓白

朮散。④大便乾結者，肥兒丸或者用本書附錄中的「處方 1」和「處方 3」。

25. 兒童溼疹

（1）什麼是兒童溼疹：是指發生於幼童的炎症性、搔癢性皮膚疾病，中醫叫溼瘡。有 10%～20%的幼童會得溼疹。臨床上分急性、亞急性、慢性，慢性溼疹在疾病過程中也可能急性發作。溼疹可能出現在孩子身體的任何部位，比如四肢、胸部、腹部、耳部、眼周、外陰、肛門、手心和腳心。溼疹的疹子呈粟粒大小，往往密集分布，也可見紅斑、皰疹、滲出、結痂、皸裂、脫屑，多數會有明顯搔癢。

（2）兒童溼疹的發病原因：引起溼疹的原因目前還不太明確，但是多數專家認為與免疫功能紊亂有關。孩童發生溼疹可能與下列因素有關：

- 有過敏家族史、哮喘史、長期咳嗽、過敏性鼻炎的孩子更容易得溼疹。
- 過敏體的孩子更容易患溼疹。
- 就學中的部分孩子，溼疹會受精神壓力、情緒焦慮的影響而誘發或加重。
- 吃太多煎炸、膨化、油膩的食物也會誘發或加重溼疹。
- 睡眠不足的孩子會引起或加重溼疹。

- 接觸某種化學物質、藥物、某種食物、蚊蟲叮咬都可能引起或加重溼疹。

(3) 兒童溼疹的危害：寶寶患有溼疹後，會出現搔癢症狀，致使哭鬧不停，甚至出現食慾不振、睡不安穩等，長期下去易引起營養不良、精神異常等病症。所以嚴重長期溼疹會影響孩子身高、體重的增加。兒童溼疹由於搔癢嚴重，病童會抓撓溼疹部位，導致皮膚破損，繼而引發感染。甚至有一些溼疹反覆發作，病童長期服用大量含有激素的藥物，造成許多藥物不良反應。過敏體的孩子更容易患溼疹，過敏體有一定的遺傳傾向，父母有溼疹病史，孩子得到溼疹的機率也會增加。

(4) 兒童溼疹的處理方法：

- 嬰兒的溼疹如果不嚴重則無須治療，隨著年齡漸長，多數都可以自癒。但要注意不要替孩子蓋太多被子，應經常洗澡保持皮膚的清潔。孩子得了溼疹不能洗澡是錯誤觀念，因為皮膚不清潔、出汗多反而會刺激皮膚更容易出疹子。保持孩子居住環境通風、乾燥、朝陽。不要穿化學纖維、毛皮類的衣物。家裡養寵物對患有溼疹的孩子有不良影響。
- 避開誘發溼疹的影響因素，比如上面講的飲食、藥物、情緒等。若是皮疹潰爛滲出，不要敷蓋包紮，應保持患部皮膚透氣通風。

- 溼疹病童較適合的食材有薏仁、百合、山藥、荊芥、冬瓜、鮮扁豆、白茅根。
- 外治方法，可以根據症狀選擇。無滲出者，可用本書附錄中的「處方12」外塗，每天2～4次。
- 有滲出、潰爛者，先用本書附錄中的「處方12」煎劑清洗傷口，然後再用本書附錄中的「處方13」乾粉外敷，每天1～2次。若沒有很嚴重，其他外用藥物應慎用。
- 向大家推薦一個中藥小處方：蒼朮8克、茯苓10克、生薏仁10克、連翹8克、蟬蛻8克、車前子10克、枳殼8克、薑半夏6克。若大便乾結者，可加生大黃3克。煎煮服用，每週3～5劑。

26. 小兒尿頻

（1）什麼是小兒尿頻：尿頻是中醫的一個病名，是指孩童小便次數增加，通常表現為小便頻繁、量少，多見於3～6歲的孩子。多種疾病都有可能引起小便次數增加，以尿路感染最為常見。尿路感染引起的尿頻，多表現為小便次數增加，滴瀝不盡，常常伴隨發燒、外陰潮紅，只要將孩子的尿做個常規檢驗，多數就可以明確診斷了。還有一種尿頻叫日間頻尿症候群，也叫神經性尿頻，多表現為小便次數很多，量則相對少，常常會滴瀝不盡，但入睡以後就消失了，情緒

緊張的時候更加明顯，大多不會伴隨發燒和外陰的異常，常規尿液檢驗結果正常。

(2) 小兒尿頻的處理方法：

- 尿道感染引起的尿頻，在中醫裡屬於溼熱下注。首先要保持外陰的清潔，多飲水、勤換內褲。向大家推薦一個中藥小處方：生薏仁 10 克、車前子 10 克、黃芩 8 克、茯苓 10 克、蒼朮 8 克、白茅根 12 克。若是大便乾結者加生大黃 3 克。每天 1 劑，連服 1 週，依據病情需求，可以用 1～3 個療程。

- 神經性尿頻，讓孩子多做戶外運動，在尿頻的時候分散注意力，不要責罵，平時要多帶孩子進行一些歡樂的遊戲，舒緩孩子的緊張心情。向大家推薦一個中藥小處方：蟬蛻 10 克、車前子 10 克、白茅根 12 克、生白芍 5 克、玫瑰花 5 克、生甘草 6 克。每週服 3～4 劑，通常 1～2 週即可。

27. 新生兒黃疸

(1) 什麼是新生兒黃疸：是指剛出生的嬰兒皮膚、鞏膜等處發黃，檢查結果顯示血清膽紅素值顯著升高。新生兒黃疸分為生理性黃疸和病理性黃疸，生理性黃疸就是正常的黃

疸，孩子出生 2～3 天開始，4～6 天達到高峰，之後再慢慢消退，通常 2 週內就消退完畢。如果是孩子開始喝母乳的時間比較晚，或有腹瀉、嘔吐、缺氧、肺炎等情況，黃疸的消退會延遲。病理性黃疸則是指由某種疾病導致的黃疸，屬異常的黃疸，應該及時就醫診治。

(2) 新生兒生理性黃疸和病理性黃疸的區別：

- 若是黃疸持續時間超過 2 週，而且黃疸消退慢，甚至還越來越重，應該考慮是病理性黃疸。
- 出生後 2 天以內就出現黃疸，大多也屬於病理性黃疸。
- 早產兒、低體重兒的黃疸會持續更久一點，只要不嚴重，暫時不要視為病理性黃疸，更不需過度治療。

(3) 新生兒黃疸的治療：如果黃疸超過 2 週不退，孩子沒有什麼不適的現象，而且黃疸呈現逐漸減輕的趨勢，讓孩子多曬太陽，加餵些葡萄糖水給孩子喝就可以了，無須過度介入治療。如果黃疸伴隨腹瀉，黃疸會比較慢消退，應該治療腹瀉，不要用苦寒涼藥去退黃，否則腹瀉加重，反而使黃疸消退更慢，可以用熱敷鹽袋經常幫孩子熱敷肚子，並及時治療腹瀉。

(4) 母乳性黃疸的診斷要慎重：有些孩子黃疸消退得慢，加上孩子大便次數多，有時候醫生會診斷為母乳性黃疸，

並限制母乳的餵養，這是不對的！通常只要黃疸不嚴重，孩子飲食、精神正常，不要限制母乳餵養，可以讓孩子吃些乳酸菌，促進消化功能，也可以用熱敷鹽袋幫孩子熱敷肚子，每天2～3次。媽媽腸胃功能不好，容易引起孩子的母乳性腹瀉。

(5)不宜長時間使用退黃的中成藥：因為這些中成藥大多藥性寒涼，長期使用會傷及孩子的腸胃，引起腹瀉，黃疸反而消退得更慢。而且若長時間腹瀉，會造成免疫功能低下，日後就容易罹患呼吸道疾病。

(6)照藍光是治療黃疸的方法之一：雖然藍光是治療新生兒黃疸的有效方法，但是不能長時間照射，有些孩子會因此引起腹瀉，反而不利於黃疸的消退。對於輕度黃疸，只要做些日光浴即可，就是多晒太陽就行了。

(7)向大家推薦一個治療黃疸的中藥藥浴小處方：青蒿15克、車前草15克、薄荷10克。用水煎煮，然後將水溫調到適宜溫度，讓孩子泡泡澡，每天1次，黃疸減輕後也可以隔天1次。

(8)向大家推薦一個退黃的茶飲小處方：生薏仁10克、茯苓8克、蟬蛻6克。煎煮10分鐘後少量頻服，也可以加少量的葡萄糖服用。

28. 小兒麥粒腫

（1）什麼是小兒麥粒腫：是指孩童的眼瞼腺體感染、化膿，也叫瞼腺炎，中醫叫針眼，常見症狀為孩童的眼瞼腫硬、化膿、潰爛，可能發生於單側，也可能兩側都有，許多小兒麥粒腫有反覆發作的特點。

（2）小兒麥粒腫處理要注意的幾個重點：

◆ 對於反覆發作多次者，要以內調為主，患部外治為輔。

◆ 對於化膿且膿皰成熟的麥粒腫可以切開排膿，然後再於局部塗抗生素，內服抗生素要少用，或者是不用。

◆ 外科切開不可反覆多次，以免影響孩童眼瞼組織正常發育，應以內治為主，減少復發。

◆ 患麥粒腫的孩子飲食要少肉、少奶、少膨化、少煎炸、少辛辣、少乾果類的食物。

◆ 向大家推薦一個中藥小處方：生黃耆 10 克、生薏仁 10 克、黃芩 8 克、青蒿 5 克、車前子 10 克、炒牽牛子 6 克、菊花 5 克。每日 1 劑，水煎服，煎 3 次服 3 次，依據病情可以連用 5～10 天。大便乾結者，加生大黃 3 克，後下。煎服方法見本書附錄中的「煎煮和用法 4」。

29. 小兒尋常疣、小兒扁平疣、小兒傳染性軟疣

（1）什麼是小兒尋常疣：是指好發於手背、手指、足、甲緣處以及臉部的皮膚贅生物，中醫叫刺瘊、瘊子，是感染了一種人類乳突病毒引起的。尋常疣為針頭到豆子大小、圓形、呈灰褐色或灰黃色，表面粗糙，高低不平，可多可少。

（2）什麼是小兒扁平疣：也是由病毒感染引起的皮膚贅生物。與尋常疣一樣，經過搔抓破潰，可能使病毒自行接種到其他部位而發生。多見於臉部、手背，少數也可以見於胸前、前臂、頸項、下肢，有時候可能和尋常疣同時存在。中醫叫扁瘊，皮疹特點是小丘疹狀、粟粒大小、扁平稍硬、表面光滑，稍稍高出皮膚，呈紅色、淡褐色或深褐色，一般數目較多，稍微搔癢。

（3）什麼是小兒傳染性軟疣：同樣是皮膚或黏膜感染病毒的皮膚病。會相互傳染，也可能自身傳染，多見於前胸、後背、前臂、臉部、臀部、陰囊等地方。皮疹特點是半球形隆起，中有臍窩，表面光滑，中醫叫鼠乳，也叫水瘊子。由痘病毒科的傳染性軟疣病毒感染所引發，皮疹可能發生在身體的任何部位，初為半球形丘疹，由米粒大小逐漸擴大如豌豆狀，呈灰白色、乳白色或正常膚色，表面光滑，中央有臍狀的凹陷，用針灸破丘疹表面可以挑出白色乳酪狀的顆粒。

（4）三種特點相近疣的治療：這三種疣都是較為常見的皮

膚疾病，都是由不同的病毒感染引起的，皮疹類似，處理方法也相近。

- 數目少者可以用消毒針灸破至稍稍出血，再用本書附錄中的「處方12」外塗，每天塗3～4次，隔天刺破1次。
- 反覆發作、數目比較多的情況應以內調為主。向大家推薦一個中藥小處方：生薏仁15克、連翹8克、蟬蛻6克、赤芍6克、金銀花6克、車前子10克、茯苓10克。水煎服，每日1劑。煎服方法見本書附錄中的「煎煮和用法2」，每週3～4劑。

30. 兒童缺鈣

(1)什麼是兒童缺鈣：「兒童缺鈣」不是一個正式病名，指的是因為缺乏維生素D導致的慢性營養缺乏性佝僂病，主要表現為多汗、夜啼、夜驚、煩躁、枕部頭髮稀疏、肌肉鬆弛、容易感冒、囟門遲閉，甚至出現雞胸、肋骨外翻、下肢彎曲等骨骼畸形的變化。多發生於3歲以下的小孩，6～12個月內的孩子最常見。冬春季節更容易發病。

(2)兒童缺鈣的原因：

- 懷孕期間孕婦鈣質攝取不足或吸收不好，或日光照射不夠，都會造成胎兒缺鈣，出生後很快就表現出缺鈣的症狀。

- 出生後,小孩的飲食因素,比如未及時加入副食品、偏食或經常腹瀉影響鈣吸收。
- 出生後孩子日照不足,影響維生素 D 的合成,進而影響鈣的吸收。

(3) 兒童缺鈣的注意點:

- 應飲食多元化,不能偏食,孩子在 4～6 個月的時候要及時加入副食品。
- 多到戶外活動,經常做日光浴,尤其出生在冬季的孩子更應該多接受日光照射。
- 讓孩子適當多吃海魚、動物肝臟、蛋黃、牛奶等富含維生素 D 的食物,但是不能過度,否則會造成食積,反而影響腸道吸收鈣。
- 對慢性腹瀉、腸胃吸收不好的孩子,關鍵是調理脾胃,而不是單純補鈣、補維生素D,這樣其實是補不上去的。
- 出現多汗、夜驚、煩躁的孩子不一定都是缺鈣,食積的孩子也會出現這些症狀,應進一步明確診斷以後再補充鈣質和維生素 D。
- 那麼多補充鈣的產品,選擇哪一種好呢?如果確診是孩子缺鈣,適當地幫孩子補充些維生素 D 和鈣質是正確的。普通的維生素 D 和鈣片就可以,價格高的不一定就好。

孩子成長的第三關：防患未然，守護孩子的健康

- 缺鈣不好，補過度更不好！某些鈣質補太多，會引起孩童便祕，內熱增加，反而不利於孩子健康。
- 長牙齒或換牙不順利是缺鈣引起的嗎？不一定都是因為缺鈣。很多時候牙齒長得不好是因為腸胃功能不好，出牙慢、牙齒發黃、發黑、換牙慢等都可能是腸胃的問題，治療的關鍵是調理腸胃功能。

31. 兒童生長遲緩

(1) 什麼是兒童生長遲緩：除去疾病引起的生長緩慢，大多孩童生長遲緩不屬於病態，生長緩慢只是個相對的概念。孩子生長快慢有個體之間的差異，某個時期孩子長得慢或快都屬於正常，這裡要聊的生長緩慢是指比起同齡孩童，孩子的成長明顯慢很多。

(2) 孩子生長遲緩的原因：

- 飲食因素。吃得少、吃得偏，簡單來說就是挑食。
- 吸收不好。雖然吃得多，但身高、體重都沒增加，多數是因為腸道對營養物質吸收不良。
- 睡眠不足。足夠和高品質的睡眠有助於孩子長。孩子經常熬夜或者睡覺多夢、哭鬧、睡不安穩等，都會影響孩子的成長。
- 運動不足。運動時間和運動強度不足會影響孩子的生

長,特別是身高的生長,多動才會長高。
- 反覆生病會影響孩子的生長,比如說經常感冒、發燒,長期咳嗽,都會影響孩子發育。

總之,吃好、睡好、玩好才能長好,詳細內容可參見「孩子成長的第二個關卡」。

(3)兒童生長遲緩的常見問題:

- 孩子長得矮是因為父母嗎?遺傳對孩子身高是有影響的,但不是絕對的!有些孩子長得高,但父母並不高,所以無論父母高矮,後天的影響也很大。
- 孩子長得慢能打生長激素嗎?通常因為生長激素分泌不夠而生長緩慢的孩子非常少,打生長激素要慎重!
- 孩子生長緩慢能調理嗎?是可以調理的。通常以調理脾胃為主,中醫認為「脾胃為後天之本」、「脾胃為氣血生化之源」、「脾主肌肉四肢」,成長發育和脾胃密切相關,所以調理脾胃是促進孩子生長的重要方法。春天是萬物生長的好季節,對孩子也是這樣,因此在這個季節調理更好。
- 生長緩慢需要補一補嗎?孩子生長緩慢不能亂用各種補品。孩子長得慢,家長著急,讓孩子吃各種補品,結果是孩子個子沒長,卻補出了許多副作用,所以讓孩子吃補品一定要慎重!

32. 兒童肥胖

(1) 什麼是兒童肥胖：是指孩童的體重超過正常同齡孩子標準體重 20% 以上的異常狀態。如果是體重超過標準體重的 30%，稱為中度肥胖。超過標準體重的 50% 稱為重度肥胖。在實際臨床中，當孩子的體重超過標準體重的 15% 就該重視看待。隨著人們生活水準提升，加上飲食、生活、運動不合理，肥胖孩子的人數在不斷上升。肥胖是一種病，家長們不應該忽視，覺得孩子胖一點沒什麼的觀點是錯的！

(2) 兒童肥胖的危害：兒童肥胖，特別是中重度肥胖會帶給孩子許多健康問題！

- 肥胖可能影響孩子的成長，體重增加過快，導致長高相對緩慢。
- 肥胖可能引起免疫功能紊亂，導致孩子反覆生病、過敏，特別是呼吸道疾病，如咳嗽、哮喘等。
- 肥胖可能導致孩子的感統協調能力、運動協調能力弱於正常小孩。
- 肥胖可能造成內分泌紊亂及代謝紊亂，或影響孩子第二性徵的發育，導致性早熟、糖尿病、血脂高等。
- 肥胖可能導致孩子智力以及反應能力低於正常兒童。
- 肥胖是孩童成人後糖尿病、高血壓、肥胖症的危險因素。

- 肥胖可能導致孩子心理異常，如自卑、憂鬱、溝通障礙等。

(3) 兒童肥胖的發病原因：

- 飲食因素。飲食不節制，暴飲暴食造成胃容量擴大，食慾旺盛。吃太多油膩食物、甜食也容易引起肥胖症。
- 運動因素。運動時間和強度不夠，吃得多、動得少。越肥胖越不願意運動，越不願意運動越肥胖。
- 遺傳因素。父母肥胖會增加孩子肥胖的機率。
- 脾胃因素。孩子脾胃運化功能異常會造成過度吸收、能量過度代謝，特別是脂肪代謝異常，往往表現為吃得多、拉得多。在中醫看來這是因為脾胃虛弱，運化失職所導致的。這就是為什麼肥胖兒童單靠節食、運動減肥效果比較差，而且容易反彈的主要原因。

特別提醒：肥胖症單靠運動、節食成效小、反彈快，只有調理好脾胃，使脾胃的運化功能正常，減肥效果才能持久。

(4) 兒童肥胖的處理方法：

- 充分重視孩子體重超標的危害，從輕度肥胖就開始採取措施，越胖越難以控制。
- 消除孩子的自卑心理，在孩子面前不要頻繁提及肥胖，做到心裡清楚，正確引導孩子建立良好的飲食、生活、運動習慣就可以了。

- 飲食有節，不提倡過度節食，關鍵要做到按時吃飯，飲食有規律。以米、麵食為主，肉蛋類為輔，可以吃些牛肉、海魚、雞蛋等。忌過度食用油膩、甜膩以及煎炸食物，奶量也不宜過多。食用適量水果，而且要在餐後吃，不要用水果作為胃飽足感的主要食物，否則會傷及脾胃，引起吸收異常。忌喝碳酸飲料、冷食，養成吃熱飯的習慣。
- 運動管理。快走、游泳是推薦給肥胖兒的主要運動方式。游泳有浮力，會提升孩子的運動強度和持久時間，減少關節磨損。
- 向大家推薦一個中藥小處方：太子參8克、炒白朮8克、炒薏仁10克、炒白扁豆8克、黃芩8克、薑半夏8克、連翹8克、木香10克、炮薑6克、枳殼8克、葛根10克、生甘草6克。每週服4劑，4週為1個療程。煎服方法見本書附錄中的「煎煮和用法2」。

33. 學童考試焦慮症候群

（1）什麼是考試焦慮症候群：是指學齡兒童，特別是國中、高中的大齡孩子，在考試前後、考試中發生的一系列非健康表現或易患疾病現象，有人把這種現象稱為考試症候群。其臨床表現是孩子在考試前後或考試期間出現嚴重的緊

張或恐懼心理，伴有面色潮紅、全身出汗、雙手發抖、心悸胸悶、頭暈腦漲、注意力難以集中、思維遲鈍等，甚至可能出現噁心、嘔吐、腹痛、腹瀉、頻尿、尿急，嚴重者可能會大汗淋漓、腦鳴（耳鳴）、手指震顫甚至虛脫、昏厥。之所以用症候群表述是指臨床表現各式各樣，較為複雜。

(2) 考試焦慮症候群的判斷：

◆ 與考試、競賽密切相關，多發生在考試前後、考試中，嚴重的甚至可能延續到考試後。

◆ 絕大部分孩子在考試結束後，症狀會不同程度地自行緩解或消失，待到下次考試會再次發生。

◆ 主要表現為焦慮、緊張、急躁、易怒，注意力不如以前集中，記憶力比平時下降，不思學習、學習效率差、考試發揮失常，食慾不振、腹脹、嘔吐、倦怠乏力、精神不振、氣短胸悶、頭痛頭暈、手指震顫，甚至虛脫、昏厥，總感覺燥熱、尿黃、汗多、面色潮紅、喜冷飲，比平時更容易感冒、發燒、腹痛、便祕、口腔潰瘍等。

(3) 考試焦慮症候群的發病原因及處理方法：

◆ 考試壓力大，特別是來自學校和家長的壓力大，加上孩子平時心理承受能力較低。建議越接近考試越應該舒緩孩子的壓力，平時多訓練。

- 平時體質虛弱，耐受力差。及時調理孩子的體質狀態，好體質是抗壓能力強的重要基礎。
- 睡眠障礙、運動不足。適度運動有利於孩子的氣血流通，使心腦供氧充足。睡眠時間充足和睡眠品質良好，有利於孩子的能量儲備和反應能力。
- 飲食不節制會影響孩子考試時期的健康狀態。考試期間，家長為了幫孩子加強營養，往往給孩子高蛋白質、高脂肪的食物，導致其消化吸收困難，食積腸胃，體內「垃圾」蓄積。由於孩子在考試期間情緒緊張，容易生內熱，甚至引起肝火旺盛，所以，這段期間還是應保持普通飲食，動物性、奶類食物不宜吃太多，應以素食為主，適當加一點牛肉、海魚、雞蛋等。

　　考試期間飲食應注意以下幾點：要多吃熱食、忌冷食。多湯、粥，少乾燥食物，每餐都應搭配湯、粥。少煎炸、油膩食物。比平時稍增加一些甜食。水果適量，放在餐後吃。多飲水、少飲料，可以喝些綠茶、花茶，如茉莉花茶、玫瑰花茶等。

- 向大家推薦一個食療方：稻米或者小米適量、蓮子（帶芯）、百合、小蘇打少許，煮粥食用。也可添加少許桂花、少許蜂蜜。

- 向大家推薦一個小茶飲方：綠茶適量、金銀花 3 克、菊花 5 克、白茅根 10 克。每日 1 劑，煎水茶飲。也可以加玫瑰花 2～3 朵。
- 向大家推薦一個中藥小處方：生黃耆 10 克、生地黃 10 克、蟬蛻 6 克、車前子 10 克、生薏仁 10 克、茯苓 8 克、益智仁 8 克、黃芩 6 克、陳皮 8 克、薄荷 6 克、青蒿 8 克、生甘草 6 克。大便乾結者，加生大黃 3 克。每週 3～4 劑，每天 2～3 次，考試前 1 個月開始服用。煎服方法見本書附錄中的「煎煮和用法 2」。

孩子成長的第三關:防患未然,守護孩子的健康

附錄

附錄

處方與藥物建議

處方1　食積消化茶飲方
　　茯苓10克　生梔子10克　檳榔6克　炒牽牛子6克　炒麥芽10克　枳殼6克

處方2　體弱調理茶飲方
　　太子參6克　炒白扁豆10克　生梔子10克　焦神曲10克　檳榔10克　炒牽牛子6克

處方3　內熱清解茶飲方
　　白茅根15克　炒牛蒡子10克　生大黃3克　車前子15克　生梔子10克

處方4　過敏調理茶飲方
　　生黃耆10克　生薏仁10克　蟬蛻6克　連翹8克　白茅根15克

處方5　肝火調理茶飲方
　　青蒿8克　炒白芍3克　菊花5克　玫瑰花2克　生甘草5克

處方6　痰溼調理茶飲方

　　茯苓8克　陳皮3克　炒紫蘇子5克　炒萊菔子6克　炒薏仁8克

處方7　怯弱調理茶飲方

　　茯神8克　蟬蛻3克　太子參3克　白茅根10克　生甘草3克

處方8　陽虛調理茶飲方

　　艾葉3克　吳茱萸3克　木香3克

處方9　亞健康方

　　檳榔10克　焦神曲10克　黃芩10克　炒白扁豆10克　茯苓10克　生梔子10克　炒牽牛子6克

處方10　咳嗽茶飲方

　　蜜炙款冬花3克　蜜炙紫菀3克　蜜炙枇杷葉6克

　　主治：寒熱咳嗽。

　　用法：每天頻服。

處方11　三葉足浴方

　　艾葉30克　紫蘇葉10克　枇杷葉（生）10克

　　主治：喉癢咳嗽較重者。

用法：將上述藥材切碎用藥袋裝好，把裝好的藥袋加水適量煎煮 10 分鐘後，倒入泡腳桶裡，再倒一些熱水，以泡腳時水能超過踝關節為宜。泡到全身微微出汗，不能大汗，每天 1 次，連泡 2～3 次。同時要多喝溫開水，不吃寒涼的食物，注意休息，咽喉的不適會明顯好轉或消失。

處方 12　複方百部煎

黃連 10 克　生百部 15 克　蒼朮 15 克

主治：外科瘡瘍、溼疹、唇炎、中耳炎、鼻塞不通等。

用法：詳見煎煮和用法 3。

處方 13　複方百部方配方顆粒

黃連 3 克　生百部 10 克　蒼朮 6 克

主治：外科瘡瘍、溼疹、唇炎、中耳炎等有滲出者。

用法：按組成的劑量比例，若用量大者可依比例增加。將配方顆粒再碾成更細的粉末，撒敷於患處。

處方 14　山藥百合小米粥

山藥　百合　胡蘿蔔　小米　小蘇打（各適量）

主治：孩童體質弱，兼肺脾虛弱者。

用法：小蘇打與其他食材一起下鍋。先大火煮 10 分鐘左右，再小火慢煮 20～30 分鐘。

處方 15　山藥荸薺糯米粥

山藥　荸薺（也可用蓮藕或萵筍）　生薏仁　糯米　小蘇打（各適量）

主治：孩童體質弱，兼內熱者。

用法：小蘇打與其他食材一起下鍋。先大火煮 10 分鐘左右，再小火慢煮 20～30 分鐘。

處方 16　嬰瀉顆粒

炒白朮 10 克　茯苓 10 克　炒山藥 10 克　炒薏仁 10 克　車前草 15 克

附錄

中藥煎煮與使用方法

煎煮和用法 1　適用於需要用水煎煮的中草藥

　　將每劑中藥用涼水浸泡至少 30 分鐘，冬季時，可以在第一天晚上就將藥用涼水浸泡。加水的多寡取決於中藥材的數量、質地以及吸水量，通常先加涼水至淹沒中藥，待完全吸入浸透以後，再看看水的多寡，如果水少就再加一點，如果水多就不用加了。浸泡後用火煮開 5 分鐘即可，火的大小以煮開以後藥液不溢出來為宜。鍋蓋可以稍留個小縫，不要完全打開，避免某些中藥中的有效成分揮發出去。煎煮 5 分鐘以後關火，不要馬上服用，悶泡到適宜溫度後再濾出藥液服用。濾出後隨即再加上涼水浸泡至下一次煎煮時間。每劑藥每天煎 3 次、服 3 次，現煎現喝，不要將 2 次或者 3 次藥一起煎再分開喝。這樣做能保持藥效遞減，第 1 次濃度最高，第 2 次次之，第 3 次濃度最低，等到第 2 劑的第 1 煎濃度會再升上去。對於感冒發燒、嚴重咳嗽、急性扁桃腺炎的孩子，起初一、兩天可以少量頻服，就是 1 劑藥 1 天煎 3 次分 6 次服，每煎 1 次分 2 次服，等病情穩定以後，再恢復到每天服 3 次。

服藥常關注的問題：①飯前飯後都可以。②可以加適量的調味料，如糖、蜂蜜。③調理孩子身體的中藥，在打預防針期間不影響服用。④煎煮中藥用的容器，除了銅鍋、鐵鍋、鋁鍋不能用以外，像搪瓷鍋、不鏽鋼鍋、砂鍋都可以。

煎煮和用法2　通常適用於調理性的中草藥

煎煮方法、加水及注意事項與「煎煮和用法1」相同。不同的是煎煮開以後要維持15分鐘，然後關火悶泡至適宜溫度服用。每天3次，也是現煎現喝。

煎煮和用法3　適用於外用的「處方12複方百部煎」

將藥放入小一點的煎煮容器中，用水浸泡30分鐘以上，煎煮15分鐘，放至適宜溫度以後外用。每天2～4次。每劑藥可以用3～5天，每天將藥加熱煮沸1次，藥渣始終不要濾出，也可以將煎好的藥放入冰箱冷藏備用，再次用的時候加熱一下。

煎煮和用法4　適用於生大黃

凡是中草藥處方中有生大黃，生大黃都會另外包，通常中藥師會讓你後下，意思就是等其他藥煎煮到最後5～10分鐘後再加入生大黃。

你拿到另外包的生大黃是所有中藥的總量，比如開了6劑中藥，另外包的生大黃就是6劑的總量，通常將大塊的掰

成小塊，然後均分成 6 等份，就是有幾劑藥分幾份，每劑藥中放 1 份共同煎煮。生大黃具有通便、清熱、瀉火的作用，每個孩子對大黃的反應不一，因此，另外包便於家長根據孩子大便的次數而靈活掌握用量，比如孩子大便次數過多，那生大黃就可以少放一些。

煎煮和用法 5　適用於外用洗浴、沐足的中藥

　　將中藥浸泡 30 分鐘以上，根據孩子年齡可以多加些水，煮開鍋 15 分鐘將藥渣濾出，然後加熱水至合適的量及適宜的溫度，讓孩子泡澡或足浴。如果是高燒的孩子，初期水溫可以低於當時腋溫 1℃，比如腋溫是 39℃，那初水溫控制在約 38℃，讓孩子泡澡至微微出汗。如果孩子體溫高於 39℃，四肢發涼，水溫適度高一些。通常泡澡的時間是 15～20 分鐘。足浴的水量要超過踝關節，逐漸加溫，直至孩子微微出汗。

煎煮和用法 6　適用於中藥配方顆粒

- 每天 1 劑，開水溶解，若溶解不充分可再次加熱，不滿 3 歲的幼兒每天分 2～3 次服用，3 歲以上者每天分 1～2 次服用。
- 飯前飯後均可，可加適量的調味料，如糖、蜂蜜。
- 若 1 次服完者，宜在下午或晚上服用。

◆ 依據醫生建議,通常每週服 4～5 天,休息 2～3 天。4 週為 1 個療程。

溫馨提醒:處方 1 至處方 16 中的藥物劑量適用於 3 歲以上孩子。

附錄

後記

　　作為父母，生兒育女，養育孩子是本能、是義務。在筆者看來，養好孩子是父母的責任，但真正把孩子養好展現的是父母的智慧。把孩子培養成陽光男孩或青春少女需要父母付出很多精力。每個父母為了讓自己的孩子更優秀，重視培養孩子文化知識和技能，卻忽視了身體健康，尤其是整體健康，忽略了那個讓所有「0」都有意義的「1」。作為專業的小兒科醫生，很想向家長們分享一些育兒知識，希望家長能從分享中受益，哪怕只受益一點點也好，並為此讓孩子日後代表健康的「1」更加茁壯。「孩子成長的第一個關卡」強調從小重視孩子健康，要從備孕期開始，忽略備孕期可能在日後出現健康問題。「孩子成長的第二個關卡」強調的是孩子整個童年時期的「吃、喝、拉、撒、睡、玩」，就像莊稼的田間管理一樣。孩子的健康與生活密切相關，是保證孩子童年健康成長的重要因素。對照生活中的「所作所為」，看看有哪些錯誤。學習「孩子成長的第二個關卡」是正確養育孩子的關鍵。「孩子成長的第三個關卡」是讓父母了解一些「應知、應會」的孩童常見疾病相關知識，所謂「應知」，是指作為家長應當學會辨識孩童常見疾病和某些重病的訊號，而不是了解

後記

　　特殊深奧的醫學專業知識。所謂「應會」，是針對孩童常見疾病，教大家一些在家庭中能力所及的處理方法和技巧，使一些小病、輕微症狀在去醫院前就能解決，避免小病大治，減少醫源性、藥源性的不良影響。同時，在「孩子成長的第三個關卡」中敘述一些筆者在臨床中的觀點，並回答家長們經常提及的問題。父母才是孩子的第一任醫生，父母學得好、做得好，孩子才可以長得好！

　　人體是一個非常複雜的系統，醫學又是一個不斷實踐的科學，由於本人知識能力所限，書中難免會有不足之處，歡迎大家批評指正！

侯江紅

國家圖書館出版品預行編目資料

小兒生長三道門坎：新手爸媽不迷路！掌握成長三大關鍵期，讓孩子贏在健康起跑線 / 侯江紅 著. -- 第一版 . -- 臺北市：崧燁文化事業有限公司，2025.03
面； 公分
POD 版
ISBN 978-626-416-334-7(平裝)
1.CST: 育兒 2.CST: 懷孕 3.CST: 幼兒健康 4.CST: 兒童發展
428　　　　　　　　114002546

小兒生長三道門坎：新手爸媽不迷路！掌握成長三大關鍵期，讓孩子贏在健康起跑線

作　　　者：侯江紅
發　行　人：黃振庭
出　版　者：崧燁文化事業有限公司
發　行　者：崧燁文化事業有限公司
E - m a i l：sonbookservice@gmail.com
粉　絲　頁：https://www.facebook.com/sonbookss/
網　　　址：https://sonbook.net/
地　　　址：台北市中正區重慶南路一段 61 號 8 樓
8F., No.61, Sec. 1, Chongqing S. Rd., Zhongzheng Dist., Taipei City 700, Taiwan
電　　　話：(02) 2370-3310　　傳　　　真：(02) 2388-1990
印　　　刷：京峯數位服務有限公司
律師顧問：廣華律師事務所 張珮琦律師

-版權聲明-
本書版權為中原農民出版社所有授權崧燁文化事業有限公司獨家發行繁體字版電子書及紙本書。若有其他相關權利及授權需求請與本公司連繫。
未經書面許可，不得複製、發行。

定　　　價：299 元
發行日期：2025 年 03 月第一版
◎本書以 POD 印製